Habitat et santé
au Cameroun

Bouebe à Tabou

Habitat et santé au Cameroun

Le quartier Mbankolo à Yaoundé

Préface de Benjamin Alexandre Nkoum

L'Harmattan

5-7, rue de l'Ecole-Polytechnique, 75005 Paris

http://www.librairieharmattan.com
diffusion.harmattan@wanadoo.fr
harmattan1@wanadoo.fr

ISBN : 978-2-343-00927-8
EAN : 9782343009278

« *Pour approfondir la médecine, il faut considérer d'abord les saisons, connaître la qualité des eaux, des vents, étudier les divers états du sol et le genre de vie des habitants* ».

Hippocrate

V. 460- v.377 avant Jésus-Christ

PREFACE

C'est avec un réel plaisir que nous avons accepté en notre qualité de Directeur du centre supérieur des sciences de la santé de l'Université catholique d'Afrique centrale, de rédiger la préface de cet ouvrage intitulé : *Habitat et Santé des populations au Cameroun*. Il est le résultat d'une étude réalisée dans le cadre d'un mémoire de Master en santé publique, option santé communautaire au sein de notre institution.

Il aborde une problématique qui relève d'un double intérêt tant d'un point de vue sanitaire que social. En ce sens, il s'inscrit en droite ligne dans le champ de la santé publique et plus spécifiquement dans le domaine de la promotion de la santé.

En effet, l'explosion démographique, accompagnée par l'exode rural, constitue l'un des facteurs à l'origine d'une urbanisation anarchique en cours dans nos principales villes au Cameroun. L'une des conséquences de cette situation est la naissance de nombreux bidonvilles, où règnent insécurité et promiscuité. L'accentuation du nombre de chercheurs d'emploi et de chômeurs ne fait que renforcer la crise du logement avec les effets qu'on connaît sur l'expansion des habitats spontanés, souvent construits avec des matériaux provisoires et l'insalubrité qui en découle.

La crise du logement, sans être l'apanage des villes des pays en développement, constitue un problème d'envergure mondiale, car elle se pose également avec acuité dans la plupart des grandes villes des pays dits développés.

Dans les grandes villes de la plupart des pays de la planète, le chômage et la crise du logement sont de nos jours l'une des problématiques sociales qui préoccupent les différents gouvernements. C'est de ce problème d'habitat, ainsi que de ses répercussions sur la santé des populations, que traite avec force et pertinence ce livre. Il existe, comme on peut le constater, un lien inextricable entre la crise de l'habitat, l'état de l'environnement et la santé des populations.

À ce propos, l'étude réalisée par *Bouèbe à Tabou* a révélé que de nombreux problèmes de santé recensés à Yaoundé et même dans d'autres grandes villes du Cameroun, sont intimement liés à un habitat précaire et très souvent insalubre. Les effets de cette crise du logement sont par ailleurs renforcés par un environnement souvent réputé pollué qui hypothèque grandement la santé des populations.

Les données épidémiologiques recueillies à travers cette étude montrent, s'il en est besoin, l'intérêt de la prévention des maladies liées à l'habitat insalubre et au péril fécal, et mettent ainsi en exergue les interrelations qui existent entre l'hygiène du milieu et la santé des individus, des familles et de la communauté.

Même si le Cameroun a élaboré des textes institutionnels qui s'inscrivent dans la politique d'urbanisation de nos différentes villes, on peut observer pour le déplorer que leur application constitue une vraie gageure à cause du faible niveau de vie et de l'état de paupérisation quasi endémique de nos populations.

Nous félicitons donc le courage de l'auteur qui a eu le mérite d'aborder une thématique aussi cruciale qu'aporétique.

Cet ouvrage s'articule autour de cinq chapitres :

Le premier traite de la crise du logement au Cameroun et de son impact sur la santé des populations. Sont également passés au crible de l'analyse, l'état de salubrité du milieu de vie associé aux différents habitats, les déterminants sociaux, économiques et politiques de cette crise de l'habitat.

Le second chapitre fait une analyse conceptuelle et thématique de la crise du logement au Cameroun. L'urbanisation est au cœur de la forte croissance démographique à Yaoundé et dans d'autres grandes villes du pays : ses enjeux et perspectives sont développés.

Quant au troisième chapitre, il décrit de façon heuristique l'approche méthodologique déployée dans la réalisation de cette étude sur l'état de la salubrité de l'habitat à Yaoundé, illustrée par le cas du quartier Mbankolo.

Le quatrième chapitre décline les différents résultats de l'étude, en relevant les répercussions sur la santé des populations.

Enfin, le dernier chapitre s'est appesanti sur l'analyse et la discussion des résultats de l'enquête sur l'habitat et la santé à Yaoundé. Par ailleurs, l'utilisation adaptée et la maîtrise des outils statistiques, associées au déploiement d'une importante documentation sur la thématique traitée, ont donné une certaine pertinence scientifique à cet ouvrage.

Ce livre a mis en exergue, avec force, l'effet de détermination de l'état de salubrité de l'environnement et de l'habitat sur la santé des populations. En ce sens, les constructions anarchiques des habitats dans des zones marécageuses exposant ainsi aux inondations fréquentes après de fortes pluies et l'insalubrité qui ont cours dans nos grandes villes, sont à l'origine de l'éclosion épisodique des épidémies (diarrhées, choléra, fièvre typhoïde…) connues au cours de cette décennie. D'où l'accent mis sur la prévention et la promotion de la santé en tant que socle de développement sanitaire dans nos pays d'Afrique.

Cet ouvrage peut enfin s'analyser comme un outil méthodologique à visée didactique, en ce sens qu'il déploie une démarche opérationnelle qui s'inscrit dans une perspective de recherche-action en santé. En tant que recherche en santé publique, il se situe dans le champ de la santé et l'environnement.

Nous ne doutons pas un seul instant que son usage trouvera un écho favorable auprès des professionnels de la santé dans l'ensemble, et plus particulièrement au sein de la communauté scientifique : chercheurs, enseignants et étudiants en santé.

Dr Benjamin Alexandre Nkoum

Ph.D Sciences de l'éducation

Directeur de l'Ecole des Sciences de la Santé

Université Catholique d'Afrique Centrale

REMERCIEMENTS

Nous tenons à remercier le Dieu tout-puissant qui nous a permis de réaliser ce travail.

Nous remercions ensuite le Dr Benjamin Alexandre Nkoum, Directeur de l'Ecole des sciences de la santé de l'Université catholique d'Afrique centrale, qui a accepté de préfacer ce livre.

Nous remercions les Pr F. Binam et Pr J. Ze et Dr. Claude Désiré Noubissié.

Nous avons en pensée notre épouse scholastique et nos enfants : Blondin, Vanessa, Gabrielle, Lucrèce et Trésor.

Nous témoignons notre gratitude à certains membres de notre famille et nos relations, pour leur indéfectible soutien : Nwos à Kos et Mme Nwos , Rikam à Biaback , Tabou à Biaback , Kos David, Mboussi Djibring , Ferdinand , Fideline , Rigobert , Amang, Linda , Éric , Claire , Nyokon , Blanche , Bahoken , Louise , Nna J.P , Laura , Bidjo , Michelle , Mpei J.M.

Nous rendons hommage à Tabou à Kos et Bassa Nwos, nos parents, ainsi qu'à Biaback à Nnong , tous de regrettée mémoire.

Nous remercions enfin tous ceux qui, de près ou de loin, ont participé à la rédaction de ce livre.

RESUME

Cette étude émane de la problématique du logement à Yaoundé. En effet, face à l'affluence sans cesse grandissante des personnes venues de toutes les régions du Cameroun, y compris des pays africains voisins et même de l'Occident, le constat est clair : Yaoundé, ville en pleine mutation, souffre d'une crise de logement. A notre avis, les nombreux problèmes de santé rencontrés dans cette ville aujourd'hui émaneraient aussi bien d'un habitat précaire généralement insalubre, que d'un environnement marqué par les pollutions de toute nature. Notre étude, fondée sur la problématique de la prévention des maladies, a mis en exergue l'influence de l'habitat et de l'environnement sur la santé. Dans une démarche comparative de deux types de quartiers (salubre et insalubre), nous avons constaté l'existence d'un lien scientifique entre l'habitat et la santé des populations.

INTRODUCTION GENERALE

Selon l'Organisation mondiale de la santé (OMS) et l'Organisation des nations unies pour l'éducation, la science et la culture (UNESCO), il y aurait dans le monde un milliard de mal logés et 100 millions de sans-abri. Ces personnes vulnérables, peu protégées et fragiles, ont une faible espérance de vie. 2,6 milliards de personnes, soit 42% de la population mondiale, n'ont pas accès aux conditions d'hygiène et d'assainissement adéquates en 2006. Les affections diarrhéiques et parasitaires causent d'importantes morbidité et mortalité chez les enfants de moins de 5ans. En 2002, on comptait 1,8 million de morts dans cette tranche d'âge. Le paludisme a entraîné 1,3 million de décès dans la même période. Les personnes âgées, les enfants et les femmes enceintes, sont plus exposés aux calamités naturelles, aux épidémies, aux conditions climatiques extrêmes (chaleur, froid), et aux maladies respiratoires (tuberculose, asthme, allergies, etc.).

Les pays pauvres d'Afrique et du monde sont confrontés aux problèmes d'urbanisation et de développement. On perçoit leurs difficultés à atteindre un niveau de santé optimal. L'activité humaine a une influence considérable sur la santé. Il est évident que l'environnement et le milieu de vie sont des déterminants de la santé. En effet, un cadre de vie sain et salubre prédispose à un état de santé optimal et aux meilleures conditions de vie. A l'inverse, un habitat marqué par un manque d'hygiène, la promiscuité, les pollutions de toute nature, l'insécurité due au cadre géographique, etc., prédispose aux maladies, freinant ainsi le développement et l'épanouissement de la communauté.

Au Cameroun, les problèmes environnementaux, le cadre de vie et l'habitat sont une préoccupation majeure, eu égard à leur impact sur la santé des populations. Les problèmes sanitaires découlant de l'habitat précaire, font partie intégrante de la santé publique qui est un vaste domaine intéressant toutes les couches sociales. Par la recherche du bien-être collectif, la santé publique place la communauté entière au centre de ses intérêts. Des mesures prioritairement préventives constituent le fondement de cette discipline.

A Yaoundé, capitale politique du Cameroun, la pression démographique serait l'une des causes fondamentales de l'occupation anarchique des terrains impropres à la construction. Cependant, le problème ne se poserait pas avec acuité si ces populations disposaient de moyens financiers indispensables pour construire un habitat stable et sécurisant. Mais ces populations, exerçant des petits métiers pour la plupart, sont généralement pauvres. De plus, la nature accidentée du site de la ville de Yaoundé élève considérablement le coût des travaux de construction en matériaux définitifs.

Par leurs actes volontaires ou involontaires, les hommes peuvent exercer une influence négative sur leur environnement, aggravant ainsi les facteurs naturels de risques. La misère, le manque d'éducation ou la lutte pour la survie, sont souvent avancés pour justifier un comportement répréhensible qui mène vers la détérioration du cadre de vie et de la santé. Il devient impératif d'appliquer les lois et règlements de la gestion de la cité, sans toutefois créer un épineux problème social : les déguerpis jetés dans la rue.

La problématique de la promotion de la santé publique dans les quartiers de Yaoundé et notamment à Mbankolo est préoccupante. La promotion de la santé sur le plan mondial est une expression fondamentale qui fut définie par la charte d'Ottawa comme : « Un processus qui confère aux populations les moyens d'assurer un plus grand contrôle sur leur propre santé et d'améliorer celle-ci ».

Une enquête préliminaire que nous avons menée dans le centre de santé « *Le Bistouri* », plus précisément, nous a permis de noter en consultation, de janvier à juin 2009 :

- 36 cas de diarrhée ;
- 48 cas de fièvre typhoïde ;
- 40 cas d'helminthiase ;
- 18 cas d'amibiase ;
- 175 cas de paludisme.

Ces malades, rappelons-le, étaient tous des résidents du quartier Mbankolo. Les multiples cas de paludisme enregistrés peuvent s'expliquer par la présence dans ce quartier de nombreux gîtes de vecteurs (moustiques) qui prolifèrent dans les vieux pneus de voitures et la broussaille environnante. Les cas de diarrhée, fièvre typhoïde, amibiase, helminthiase qui sont des pathologies de transmission oro-fécale, dénotent un manque d'hygiène alimentaire et de l'eau de boisson.

Le quartier Mbankolo qui est le cadre de notre étude présente, pour nous, un intérêt particulier pour sa spécificité géographique : un relief accidenté fait de collines et de vastes cuvettes. On a connu dans ce quartier, des éboulements et glissements de terrain, avec parfois des pertes en vies humaines. En 2007, une maison en brique de terre s'effondra au cours d'une nuit pendant une pluie torrentielle. Un enfant fut enseveli sous les décombres. Un accident similaire endeuilla une famille dans le bloc dit chefferie Mbankolo, suite à une forte pluie. Un mur de soutènement s'écroula sur une maison en contrebas, faisant trois victimes.

Ces accidents et bien d'autres, mettent en évidence le danger de l'habitat précaire en zones escarpées.

La population du quartier Mbankolo est hétéroclite, caractéristique des quartiers populaires insalubres. Un niveau de développement modeste, marqué par l'absence d'infrastructures publiques (hôpitaux), et rareté des voies de communication (routes). Les problèmes d'hygiène et de salubrité ont pour conséquence la recrudescence des pathologies du péril fécal enregistrées dans le principal centre de santé privé du quartier.

L'habitat du plus grand nombre des résidents de ce quartier est fait en matériaux provisoires tels que la brique de terre non stabilisée, le bois non traité et la terre battue. Toutefois, on note la présence de quelques immeubles modernes qui créent un contraste frappant dans cet environnement de dénuement criant. Les briques de terre sont très fragiles lorsqu'elles sont imbibées d'eau lors des fortes pluies. Du fait d'une absence totale de rigueur architecturale, ces habitations peuvent facilement s'effondrer.

Le problème d'eau de boisson se pose avec acuité surtout en saison sèche où les sources tarissent. Très peu de familles disposent d'une adduction d'eau potable. Les sources d'eau sont aménagées à quelques mètres des fosses septiques en amont, ce qui n'exclut pas la contamination par infiltration d'eau. Cet état de choses est à notre avis un danger potentiel surtout en cette année 2010 où des épidémies de choléra sont constatées dans plusieurs localités du Cameroun.

Les ordures ménagères sont également un problème d'hygiène difficile à résoudre. En effet, les populations enclavées du quartier Mbankolo ne peuvent se rendre au carrefour pour y déposer leurs ordures dans les bacs à ordures de la société HYSACAM. Elles les jettent dans la petite rivière longeant le bas-fond. Ces immondices s'accumulent et entravent la circulation des eaux qui débordent en cas de pluie, provoquant de ce fait des inondations parfois meurtrières.

Voilà quelques insatisfactions qui ont suscité notre intérêt sur le thème *Habitat et Santé des Populations au Cameroun.*

Notre recherche est une étude comparée de deux blocs du quartier Mbankolo, qui présentent deux physionomies et deux réalités sociales différentes en matière d'habitat : le bloc n°8 (type de quartier populaire ou pauvre) et le bloc n°2 (type de quartier résidentiel ou riche).

Notre travail s'articulera sur les points suivants : problématique, cadre conceptuel et théorique, méthodologie de la recherche, analyse des résultats, conclusion générale, suggestions et bibliographie.

CHAPITRE 1

CRISE DE LOGEMENT ET SANTE DES POPULATIONS

Dans ce chapitre, nous allons situer le lecteur sur le lien scientifique existant entre crise de logement et santé des populations. Nous allons, pour y parvenir, faire tout d'abord une présentation du contexte actuel, l'objet du présent livre et le problème scientifique qui a motivé sa rédaction ; nous exposerons ensuite nos objectifs et leur pertinence ; enfin, nous délimiterons notre réflexion, et définirons les concepts-clés de notre étude.

1.1. Contexte actuel de la crise de logement

Le phénomène d'urbanisation constitue un enjeu majeur pour la santé des populations. La poussée démographique s'accompagne d'un ensemble de problèmes qui justifient l'intérêt des pouvoirs publics en matière de politique urbaine et environnementale. De ce fait, il devient urgent de mettre ensemble les impératifs sanitaires et ceux relatifs à l'urbanisation. Pour illustrer ces propos, il est important d'en présenter deux exemples.

- **Insalubrité du milieu**

Nous l'avons dit, l'accroissement des populations s'accompagne d'une augmentation du volume d'ordures ménagères et d'immondices, ce qui constitue un grave problème. Leur évacuation ou gestion exige des moyens colossaux, financiers et humains. A ceci, nous ajoutons l'incivisme des populations qui, malgré la présence des bacs à ordures dans leurs quartiers, préfèrent jeter les ordures par terre ou dans les coins de maisons, au mépris des règles d'hygiène et de salubrité du milieu. Les vendeurs des denrées alimentaires comme la viande de porc, trouvent naturel de laver les boyaux d'animaux dans les ruisseaux. Certaines personnes n'hésitent pas à utiliser ces cours d'eau comme lieux d'aisances. On voit clairement la source de survenue des épidémies de choléra et autres affections graves pour la santé des populations.

- **Occupation anarchique des zones interdites à la construction et dégradation de l'environnement**

Les populations pauvres ou à revenus modestes s'installent souvent sur des bas-fonds ou les flancs de collines d'accès difficile. Le problème est qu'ils n'ont pas les moyens nécessaires pour bâtir un habitat viable sur ces zones de relief escarpé, exposées aux glissements de terrain en cas de pluie.

Les inondations restent le lot quotidien des habitants des quartiers marécageux. Moustiques, souris, mouches et autres vecteurs de maladies prolifèrent dans ce milieu.

En Afrique, les développements urbain et démographique sont très rapides, mais n'évoluent pas selon les normes d'urbanisation requises. L'habitat est essentiellement spontané, précaire, et généralement insalubre. Souvent, les populations pauvres s'installent dans l'anarchie totale. Les flancs de collines sont déblayés, dégradant ainsi le terrain qui est exposé à l'érosion. Les espaces verts et le moindre couvert végétal sont détruits aux fins d'activités agricoles. De plus, la mauvaise évacuation des eaux usées et des excrétas aggrave ce tableau sombre. Par exemple : le marché Huitième, où l'on trouve un enclos de porc, dégage une odeur putride, perceptible dans un rayon de 100 mètres. On pourrait croire, avec étonnement, que les habitants de ce quartier se complaisent à respirer les mauvaises odeurs dans cet environnement pollué, puisqu'aucune action n'est entreprise pour assainir ce cadre de vie. Le contexte spécifique sus-décrit nous conduit vers un questionnement logique : comment promouvoir la santé dans un quartier où la majeure partie de la population vit dans un habitat précaire, insalubre et d'hygiène déplorable ?

La volonté politique peut promouvoir l'extension des villes ou la création de nouvelles villes, ce qui a été le cas au Cameroun depuis des années, avec la création de nombreuses unités administratives (département, arrondissement, district…). Cependant, le développement des villes semble échapper au contrôle gouvernemental. Les bidonvilles naissent spontanément du fait d'un afflux considérable des populations à faible niveau de vie dans les grandes villes camerounaises telles que Douala et Yaoundé. On déplore l'installation désordonnée des populations dans les moindres espaces susceptibles de les abriter. Ce phénomène a pour corollaire la dégradation de l'environnement par la destruction des espaces verts, et le déblayage des flancs de collines, en vue d'implanter des abris de fortune.

Le volume des ordures ménagères s'accroît et devient un véritable problème, car les moyens dont disposent les municipalités pour leur évacuation, semblent largement dépassés. A ceci s'ajoute l'incivisme des populations qui déposent les ordures n'importe où, par ignorance ou même en connaissance des répercussions sur le plan sanitaire. Comme le souligne Anne Sidonie Zoa : « c'est la poubellisation des villes africaines ». Le nombre de dépotoirs d'ordures ménagères est révélateur de l'insuffisance des actions de lutte engagées. La société HYSACAM n'arrive plus à évacuer les ordures des bacs qui sont largement débordés, lorsqu'ils existent dans certains quartiers. Les déchets et ordures s'accumulent à une vitesse exponentielle. En saison pluvieuse, les torrents les emportent et les déposent dans les rigoles, obstruant le passage des eaux qui débordent et envahissent les rues. Ces eaux exposent les excrétas sortis des fosses septiques. Il en est de même des égouts défectueux des camps SIC, qui polluent la ville de Yaoundé sous le regard indifférent de tous (Cité verte, Biyem-assi et camp SIC Messa).

Par ailleurs, cette urbanisation chaotique fait fi des normes architecturales. Les voies d'accès dans les quartiers sont rares ou inexistantes, ce qui complexifie la circulation des personnes et des biens.

Compte tenu de tous ces facteurs, force nous a été donnée de constater qu'il existe des interrelations entre la dynamique urbaine, les problèmes environnementaux et la santé des populations. C'est ce qui constitue la quintessence de notre étude.

De l'analyse politique de la crise de logement au Cameroun

D'après le PNUD, le revenu moyen annuel du Camerounais se situe entre 63.000F CFA et 957. 000F CFA. C'est un niveau relativement bas et un indice patent de pauvreté. Un fonctionnaire moyen ou un ouvrier peut-il débourser 15 à 20 millions de francs CFA pour s'acheter un logement décent ? Une vie de sacrifice ou d'épargne ne suffirait pas. Seuls les hommes d'affaires, les hauts cadres ou les fonctionnaires véreux, bénéficiant aussi bien des privilèges particuliers que des avantages inhérents à leur fonction, peuvent prétendre à un habitat décent. L'habitat social coûte cher et reste quasiment hors de portée des couches sociales défavorisées.

A Yaoundé, les déguerpissements ont accentué la demande en logements qui était déjà très forte. Les quartiers populaires et précaires sont progressivement détruits, mais le nombre de « Sans logement » s'est parallèlement accru. On estime à 70% la masse populaire urbaine des quartiers pauvres. Les réquisitoires, dénonciations et soutiens en faveur des délogés se multiplient. Les pouvoirs publics sont instamment conviés à prendre acte de l'impact négatif de ces délogements qui, somme toute, à court terme, accroissent la misère et le malaise populaires.

Le projet de construction de milliers de logements sociaux tarde à se concrétiser, et demeure en tout cas un leurre pour les populations aux revenus modestes. A cela s'ajoute le comportement mesquin de certains responsables de la MAETUR et de la SIC. Les logements des camps SIC sont en grande partie occupés par des particuliers. Les fonctionnaires de l'État qui devraient bénéficier au moins en grande partie des logements sociaux, vivent en location dans les quartiers populaires. Le concept « habitat social » dans le contexte camerounais actuel recèle d'innombrables contre-performances, et reste relativement théorique. Ce tableau peu reluisant devrait amener les pouvoirs publics à trouver dans les meilleurs délais, des alternatives acceptables dans l'amorce d'une solution au problème de logement en faveur des couches sociales démunies.

Dans la pléthore des propositions faites aux pouvoirs publics du Cameroun, nous retenons que le Crédit foncier, institution financière créée pour soutenir le financement du logement ou l'accès à la propriété foncière, doit être reformé pour jouer efficacement son rôle et aider les pauvres. Il s'agit de mettre en pratique la facilitation des procédures d'acquisition du titre foncier et du permis de construire qui coûtent cher ; il est important de mettre en œuvre une véritable politique sociale qui prenne en compte les paramètres tels que la demande en logement, les moyens disponibles par l'État, le niveau de vie, et les revenus moyens des populations. Il est souhaitable de stimuler les opérateurs privés dans le secteur foncier et le logement social, promouvoir l'utilisation des matériaux locaux pour la construction des logements à faible coût et mener la lutte anti corruption dans les services en charge des affaires foncières.

1.2. Essai de problématisation de la crise de logement

Notre étude a pour objet l'habitat et son influence sur la santé des populations du quartier Mbankolo à Yaoundé, et par extension des villes du Cameroun. Il s'agit d'une étude comparée de deux types d'habitats : un habitat insalubre et un habitat salubre. Il est admis qu'un habitat insalubre influence négativement la santé ; par contre, un habitat salubre est favorable à la santé des populations.

En effet, selon l'ONU, 921 millions de personnes vivaient en 2001 dans des bidonvilles qui abritent 78,2% des populations urbaines des pays pauvres. Au Zimbabwe, 700 000 habitants des bidonvilles ont subi la démolition de leurs maisons suite à une opération baptisée « se débarrasser des ordures » et « restaurer l'ordre » (ONU habitat : 2005).

En Afrique, les gouvernements justifient les actions de ce type par le souci de mettre de l'ordre dans l'urbanisation anarchique et chaotique. Ces actions qui s'inscrivent en faux contre le droit international, ont été dénoncées. Toutefois, ces dénonciations n'ont connu aucun écho auprès des autorités. Au Cameroun, des milliers de personnes sont sans abri suite aux démolitions subies par des bidonvilles. Les autorités de la ville de Yaoundé justifient la démolition de certains quartiers par le fait que leurs habitats occupent illégalement les terres appartenant à l'État, de même que la construction en zones interdites, à cause de la dangerosité de ces sites, etc.

A Yaoundé, on estime que 8 personnes sur 10 n'ont ni titre foncier ni permis de construire. En appliquant scrupuleusement la loi, il faudrait dans ce contexte démolir la majeure partie de la ville de Yaoundé, ce qui nous paraît exagéré et irréaliste. Disons enfin que les populations s'érigent contre les démolitions qui, selon elles, ne semblent pas impartiales. Les raisons politiques sont indexées (Africa Press.com 5 mai 2010).

D'après Kofi Annan, alors Secrétaire général de l'ONU, « les bidonvilles sont le résultat des politiques publiques sauvages… les destructions et expulsions ne sont pas des solutions ». C'est dans ce sens qu'Hilaire Kamga fustige les démolitions des habitats à Yaoundé : « On déplore des pertes en vies humaines et de lourds dégâts matériels. Plusieurs centaines de maisons démolies depuis le 31 août 2008. 5 décès enregistrés suite aux démolitions à Yaoundé. Plusieurs milliers d'enfants mineurs dans la rue. Plus de 300 citoyens du troisième âge sans toit. Plus de 2000 jeunes vendeurs à la sauvette chassés avec commerces détruits. Déjà 7 quartiers et blocs entiers détruits à Yaoundé. Plus de 50 000 autres maisons menacées de destruction avec en perspective plus d'un million de personnes réduites à la mendicité ».

Ce tableau sombre émane des actions engagées par les pouvoirs publics dans l'optique d'une rénovation et d'une restructuration urbaines à Yaoundé. Hilaire Kamga déplore surtout le préjudice social causé aux populations. Pour tout dire, il lance un appel aux autorités en charge de la ville, à une gestion plus humaine, surtout par ces temps de récession économique.

Du point de vue de la bioéthique, l'être humain est la plus grande valeur dont rien ne saurait justifier le sacrifice. Toute action ou procédure qui met en péril la vie humaine est réfutable, quelle que soit sa portée.

Quoi qu'il en soit, les projets, ambitions et idées novateurs des autorités en charge de la ville nous semblent objectivement justifiables et d'importance publique incontestable. C'est l'applicabilité des textes et lois qu'il importe de bien peaufiner, afin de limiter au minimum ses effets délétères. Les autorités semblent confrontées à un dilemme. Faut-il céder à la grogne populaire au détriment des actions en vue d'améliorer le cadre de vie ? Le développement est un processus inéluctable qui doit se poursuivre malgré les nombreux écueils, puisqu'en fin de compte, l'enjeu demeure le bien-être social. Dans l'optique de limiter le désordre urbain, des actions telle la pose des scellés ou sabots sur les véhicules mal garés dans nos rues (action répressive à visée probablement dissuasive), devraient parallèlement être précédées de l'aspect éducatif par le canal des médias et autres supports didactiques, car les panneaux de signalisation ne sont pas souvent présents. C'est dans le même registre que nous déplorons le comportement de certains agents véreux des mairies ou de la communauté urbaine. Souvent épaulés par les forces de maintien de l'ordre, ces agents s'approprient les marchandises des vendeurs à la sauvette en toute impunité. Les marchandises confisquées devraient aller à la fourrière municipale. Cependant, mangues ou bananes sont consommées devant les vendeuses médusées et impuissantes, par ces agents surnommés « Awara », « arracheurs » ou encore « Hommes aux gros bras ». Ce comportement qui doit être réprimé, sème le doute sur le bien-fondé des décisions gouvernementales dans la gestion de la cité. Les marchandises saisies et mises à la fourrière sont souvent vendues aux enchères. Toutefois, de nombreux tripatouillages émaillent ces opérations.

La loi est faite pour réglementer la vie des hommes. Elle est faite pour eux et non contre eux. Une noble ambition sous-tend les actions des autorités en charge de la ville. Elle peut se résumer comme suit : assainir le cadre de vie, embellir la cité et protéger les populations des risques environnementaux. Pour ce faire, la fermeté peut être la meilleure solution au désordre urbain. Souvent, des actions fortes s'imposent face aux personnes réfractaires à toute discipline. Néanmoins, il faut un peu d'humanisme en toute circonstance.

Que l'on prenne position pour l'une ou l'autre tendance au regard de la polémique persistante, il faut reconnaître en toute objectivité que, progressivement, la ville de Yaoundé présente un visage plus rayonnant et plus attrayant. De nouveaux marchés plus salubres sont construits, des rues créées ou réfectionnées, des espaces verts et de loisirs aménagés, etc. Un effort collectif s'impose donc à tous pour avancer dans cette logique progressiste, au vu du chemin qui reste à parcourir. Toute dynamique urbaine viable doit placer l'intérêt public au centre de ses préoccupations, car dit-on, « la santé n'a pas de prix ». Le développement transite nécessairement par une population valide et en bonne santé qui, par ailleurs, respecte les lois et règlements de la cité. Aucune avancée notoire n'est possible dans le chaos.

A notre avis, les personnes qui vivent dans l'insalubrité et la précarité ont une santé fragile et une faible espérance de vie. En effet, elles sont exposées aux calamités naturelles, aux conditions climatiques extrêmes (chaleur, froid), aux épidémies, etc. Les groupes à risque que sont les enfants et les personnes âgées sont les plus exposés aux maladies respiratoires (tuberculose, asthme, allergie, etc.).

Les pollutions d'origine industrielle ou chimique, les gaz provenant de la circulation automobile, les mauvaises odeurs qui rendent l'air irrespirable, la production des eaux usées, etc., sont autant de sources de pollution en milieu urbain. Dans ces circonstances, la santé publique préconise des stratégies de lutte contre ces sources de pollution. Il s'agit également de susciter une réflexion sur les problèmes environnementaux et de l'habitat, au regard des importants enjeux sanitaires impliqués. Cette réflexion devra, à court terme, déboucher sur des actions concertées, ou sur une mise en œuvre des politiques gouvernementales en matière d'habitat, avec la participation communautaire c'est-à-dire des populations elles-mêmes. Celles-ci doivent être sensibilisées afin de s'impliquer volontairement dans toutes les stratégies de résolution des problèmes de l'habitat et de la protection du cadre de vie.

Le problème de l'habitat à Yaoundé n'est pas nouveau. Cependant, notre réflexion se propose de raviver l'intérêt de tous sur cette question, dans l'optique d'y apporter des solutions appropriées efficientes et efficaces. C'est la raison pour laquelle nous posons le problème de l'impact négatif d'un habitat précaire et insalubre sur la santé des populations. Nous nous proposons de résoudre ce problème de santé communautaire en orientant le regard des experts sur la question de l'urbanisation d'une part, et d'autre part, sur la question de la qualité et de la fiabilité des matériaux de construction utilisés pour bâtir les logements.

La perception des problèmes liés à l'urbanisation à l'avenir risque de se muer en norme sociale dans la mesure où les populations ne voient pour la plupart que des actions de nature répressive qui sont engagées contre elles. Peu de gens admettent le bien-fondé du respect des lois qui régissent l'urbanisation. En d'autres termes, les actions gouvernementales sont généralement perçues négativement, sans analyse préalable. L'éducation et la communication qui doivent précéder toute action apparaissent au terme de cette réflexion, comme un volet dont l'absence voue la plupart des projets communautaires à l'échec.

1.3. De la pertinence de l'étude sur la crise de logement au Cameroun

Notre objectif général est de promouvoir un habitat décent pour tous au Cameroun en général, et à Yaoundé en particulier. Pour l'atteindre, il importe de sensibiliser toutes les parties prenantes et les personnes intéressées par les problèmes de l'habitat précaire dans cette ville.

De cet objectif général découlent d'autres plus spécifiques à savoir :

- prévenir les risques sanitaires et environnementaux dus à l'habitat précaire ;

- éliminer les déchets ;

- lutter contre les pollutions ;

- promouvoir la construction d'un habitat social à la portée des couches populaires les plus défavorisées ;

- limiter les effets délétères des déguerpissements forcés à Yaoundé.

Au Cameroun, la santé et l'environnement font partie des secteurs prioritaires de l'État. Le Gouvernement se propose de :

- réduire la mortalité et la morbidité liées au milieu de vie ;
- maintenir les acquis de prévention qui résultent en grande partie des actions d'hygiène du milieu ;
- participer à la protection du milieu afin d'assurer aux générations futures la disponibilité d'un patrimoine sans déséquilibre majeur ;
- assurer un environnement sain pour la promotion et la durabilité d'une bonne santé ;
- promouvoir la construction d'habitats décents pour tous.

Toutefois, les décisions gouvernementales, comme dans toute œuvre humaine, présentent des limites. Leur impact négatif doit être pris en compte. Les déguerpissements forcés, par exemple, peuvent paupériser et déstabiliser de nombreuses familles qui se retrouvent du jour au lendemain sans logis. Nous pensons qu'une des solutions envisageables serait une réelle promotion du logement social dans les grandes métropoles du Cameroun.

L'explosion démographique dans les pays africains a accentué le phénomène de surpeuplement des villes qui connaissent de graves problèmes d'urbanisation, avec l'occupation anarchique des espaces vitaux. Au Cameroun, les grandes villes telles que Yaoundé et Douala continuent d'exercer sur les jeunes un attrait sans précédent. Elles sont, en effet, le lieu d'aboutissement des rêves d'une vie meilleure, avec tous les atouts dont elles disposent. Les jeunes désertent les campagnes pour aller en ville à la recherche d'un emploi, continuer des études, apprendre un métier, élargir les horizons dans les domaines variés, accéder aux facilités de la vie moderne, etc. Le taux d'urbanisation des villes africaines, depuis 1950, connaît un accroissement de 5% par an. Cependant, de nombreux problèmes sont apparus et restent en marge de cet accroissement. Beaucoup de jeunes se désillusionnent face à la dure réalité de la vie en ville. Le problème de logement se pose avec acuité. Les logements sont insuffisants pour faire face à cette marée humaine. Le loyer reste très élevé pour cette classe sociale aux revenus modestes.

L'occupation des sites de toute nature ou des moindres espaces libres se généralise à Yaoundé, « villes aux sept collines » dont le relief est escarpé et accidenté. Les populations s'installent sur les flancs de collines ou dans des bas-fonds, dans des habitats de fortune insalubres et précaires, faits en matériaux provisoires. Elles n'ont pas assez d'argent pour acquérir des terrains lotis qui respectent les impératifs du plan d'urbanisation de la ville. C'est ainsi qu'on constate une occupation rapide des terrains de l'Etat, des zones escarpées interdites à la construction, ainsi que l'encombrement des trottoirs. Les bidonvilles renforcent les inégalités socio- sanitaires entre les citadins. Les personnes les plus nanties occupent les quartiers riches dans les habitats salubres. Elles peuvent financer leurs soins de santé. Par contre, les pauvres vivent dans l'insécurité et la précarité des logements. Ils sont exposés aux pathologies liées à l'insalubrité du milieu (diarrhée, helminthiase, typhoïde). Par ailleurs, on note la montée des fléaux tels que le vol, la prostitution, les braquages et l'insécurité dans la ville.

Face à tous ces problèmes, le gouvernement camerounais a engagé des actions sur plusieurs plans. Par exemple : des mesures urgentes d'hygiène et d'assainissement du milieu ; l'aménagement des voies d'accès dans les quartiers par la création des routes ; la lutte contre l'occupation anarchique des zones interdites à la construction.

Tels sont quelques principaux axes sur lesquels se focalise notre étude, et qui justifient sa pertinence.

1.4. Précision thématique et conceptuelle

Dans notre étude, le concept « habitat » se rapporte au logement, à un cadre de vie, à un abri, qui a pour utilité de protéger les personnes des intempéries et des agressions de l'environnement ou du milieu extérieur. L'habitat assure la sécurité, l'intimité, le développement personnel, social ou familial, et contribue à la santé. De même, l'habitat confère une adresse à ses occupants.

L'habitat précaire renvoie à un habitat peu stable, provisoire, dont les mesures de viabilité ou de durabilité, du point de vue architectural, ne sont pas garanties. C'est un type de logement particulier, généralement en matériaux provisoires, qui abrite les personnes qui vivent dans des conditions souvent difficiles (réfugiés de guerre, camps de recasement des victimes de catastrophes, voyageurs nomades, etc.), mais aussi des personnes qui n'ont pas les moyens de bâtir une habitation plus viable (classe populaire pauvre). Du point de vue de la santé publique, nous faisons également appel à un habitat peu décent, indigne et peu confortable, illicite et insalubre qui expose ses occupants à certaines pathologies à cause de la promiscuité, de la mauvaise hygiène, de l'inconfort, de l'humidité, de l'exiguïté des locaux, des bruits, des mauvaises odeurs et de tous les facteurs nocifs peu favorables au repos compensateur ou à la promotion de la santé.

La mauvaise utilisation de l'espace vital par exemple : une chambre qui sert à la fois de chambre à coucher, de cuisine et même d'atelier de travail, s'inscrit dans cette logique. Les eaux usées sont déversées devant la porte d'entrée et souvent une fosse d'aisances toute proche, comblée et jamais vidangée, dégage une mauvaise odeur, rendant ce logement particulièrement désagréable.

En Europe, dans l'optique de garantir un habitat décent pour tous, les pouvoirs publics ont frappé certains habitats qualifiés « d'indignes », d'une interdiction d'occupation.

Les logements indignes se caractérisent par les facteurs suivants : humidité, inconfort, insalubrité, manque d'espace, dangerosité, absence de système d'aération, plafonds vermoulus, toiture poreuse qui laisse couler l'eau de pluie, murs lézardés, marches d'escaliers effondrées, équipements défectueux, présence de champignons, cafards, moustiques, souris qui sont des vecteurs de maladies. La pollution de l'air à l'intérieur des maisons est suspectée d'être la cause de nombreuses maladies graves (asthme, leucémie, tumeurs du cerveau etc.). Il peut y avoir une synergie des effets lorsque plusieurs polluants sont en présence. Les personnes âgées, les enfants malades sont plus exposés aux risques des polluants intérieurs de l'habitat précaire. En respirant cet air vicié, il s'ensuit un dessèchement de la muqueuse respiratoire qui ne joue plus son rôle de défense contre les germes pathogènes. On note une irritation oculaire par les produits chimiques issus de certains matériaux de construction. Des courts-circuits peuvent survenir dans les installations électriques défectueuses. Le réseau chaotique des fils électriques est souvent à l'origine d'incendies dévastateurs. Le logement indigne entraîne un risque important pour la santé de ses occupants aussi bien du point de vue physique, psychologique que social.

Au plan psychologique, les personnes mal logées sont marquées par le repli sur soi qui est préjudiciable aux bonnes relations sociales, la dépression ou somatisation et la honte, car il est difficile d'assumer les conditions de logement rétrogrades et parfois humiliantes.

Les portes et fenêtres qui ne se ferment pas bien exposent au vol et à l'insécurité. Les relations de voisinage sont souvent affectées à cause des disputes au sujet des saletés dans les espaces communs, des factures d'eau et d'électricité non payées, des compteurs truqués, etc. Voilà quelques difficultés que vivent les populations qui occupent un habitat indigne ou précaire. Dans la même optique, il existe un type de logement qualifié « d'indécent » qui, quoique bâti dans une certaine mesure selon les critères architecturales acceptables, s'est dégradé au fil des années, et présente des risques pour la santé de ses occupants.

Notre étude se focalise sur l'habitat précaire et les problèmes de santé y relatifs, dans la mesure où il est établi que le cadre de vie est un déterminant de la santé. Ce travail de recherche n'a pas pour objectif d'étudier les problèmes de santé communautaire en général, mais ceux qui ont un rapport direct avec le type d'habitat dans lequel l'on vit en particulier.

Du point de vue de la géographie physique, nous évoquons le type de site des terrains occupés par les populations, car nous avons ici une incidence sur les risques sanitaires et sécuritaires. Le risque est entendu comme la probabilité pour qu'un événement généralement défavorable puisse survenir (maladies ou accidents). Nous retenons également la dynamique socio-économique, car le type d'habitat constructible et habitable est un reflet du niveau de vie des populations.

Nous n'envisageons pas dans notre étude les problèmes de l'habitat du point de vue socio-anthropologique avec leurs aspects culturels, ethniques, religieux, ou symboliques. L'habitat dans notre recherche se rapporte aux hommes.

L'habitat est défini comme un mode de logement, un espace de vie dans un cadre géographique donné. C'est aussi un mode d'ancrage et de peuplement d'une société humaine. L'habitat reste une nécessité vitale dans le cadre de l'urbanisation. Il est question de faire face à une affluence populaire qui connait d'énormes difficultés pour se loger. Cette situation explique l'émergence des problèmes de santé qui en sont des corollaires : occupation anarchique des sites, surpeuplement, promiscuité dans les logements, mauvaise hygiène, absence de confort, etc.

Notre enquête est scientifique et vise à établir les relations de cause à effet de l'habitat sur la santé. Elle fait place à la socialisation c'est-à-dire le processus par lequel le sujet s'adapte à un environnement social.

Selon l'Organisation mondiale de la santé, « La santé est un état de complet bien-être physique, mental et social et ne consiste pas seulement en l'absence de maladie ou d'infirmité » (Constitution de l'OMS, 1978).

Cette définition distingue le bien-être physique qui concerne le bon fonctionnement du corps. C'est le fonctionnement harmonieux des différents systèmes de l'organisme.

Le bien-être mental : c'est le bon fonctionnement de l'équilibre de la vie psychique.

Le bien-être social : c'est l'interrelation entre l'individu, sa famille, sa communauté et sa société. C'est l'harmonie des relations entre les membres d'une communauté humaine.

Il ressort de cette définition que la santé est une notion complexe. Vue comme un état (statique), la santé est un idéal difficile à mesurer ou apprécier. Elle ne saurait être statique. Elle intéresse l'homme qui, lui-même est complexe et qui, de plus, évolue sur le continuum santé-maladie. La santé est tributaire d'un équilibre relatif vers le centre de ce continuum. C'est cette conception de la santé qui est retenue dans le cadre des analyses faites dans cette étude.

CHAPITRE 2 :

ANALYSE CONCEPTUELLE ET THEMATIQUE DE LA CRISE DE LOGEMENT

Dans ce chapitre, nous allons examiner quelques concepts et théories afin d'établir un lien avec la problématique de l'habitat, dans le but d'appréhender la signification scientifique du rapport habitat-santé des populations.

2.1 Urbanisation : enjeux et perspectives

L'urbanisation selon le dictionnaire français Encarta 2009, se définit comme l'aménagement des zones géographiques à caractère citadin. En géographie humaine, l'urbanisation désigne un afflux et un regroupement de la population dans les villes.

- **Croissance démographique**

L'humanité subit l'accroissement actuel de la population urbaine : 170 000 personnes par an. Les mégalopoles ont atteint un niveau critique des problèmes urbains (population, prix élevé de loyer, accroissement du parc automobile pour un réseau routier insuffisant, etc.). Dix millions de décès sont enregistrés chaque année du fait de la mauvaise qualité de l'habitat, de l'eau et de l'hygiène défectueuse. Dans le même engrenage des plaies consécutives à l'urbanisation, on compte le chômage, les agressions, le vol, les violences de tous ordres, les rivalités ethniques ou politiques.

La croissance urbaine s'accompagne d'une grande misère. Dans le monde, la pauvreté touche 60% des populations des villes. Même dans les pays développés, le problème de logement est très difficile à résoudre. Il y a un fossé entre quartiers riches et quartiers pauvres. Peu de ménages à faibles revenus parviennent à se loger.

Au Cameroun, la ville inquiète par ses nombreux problèmes, malgré l'attrait qu'elle a toujours exercé sur les populations et précisément les jeunes : en ville, on accède à un meilleur équipement, aux facilités de la vie moderne telles que l'eau, l'électricité, les soins de santé de haut niveau grâce aux hôpitaux qui présentent un plateau technique de plus en plus sophistiqué et performant. L'offre d'emploi est diversifiée. En milieu urbain, on peut exercer plusieurs métiers selon ses aptitudes. La vie culturelle est plus riche, avec des ouvertures dans le monde grâce à Internet, aux livres, aux journaux, aux musées, etc.

En Afrique du Sud et aux États-Unis d'Amérique, la discrimination raciale et les inégalités des classes sociales continuent à se manifester malgré l'évolution apparente. Les personnes plus nanties se retirent dans les banlieues résidentielles qui présentent un cadre de vie plus agréable. En vue de rendre les villes plus attrayantes, les spécialistes (urbanistes, architectes, etc.) se sont réunis de mai à juin 1996 à Istanbul pour un sommet de l'ONU. Il ressort de ce forum que tous les hommes ont droit au logement convenable, qui permet de jouir de la sécurité, de l'intimité et du confort, dans un environnement satisfaisant au plan écologique et sanitaire.

L'évolution rapide de l'urbanisation a des conséquences sur l'architecture des villes. Les immeubles deviennent plus hauts, la ville, s'étend de plus en plus. La densité moyenne (le nombre d'habitants au km^2) augmente. Un grand défi s'impose : loger tous les citadins. Il s'agit de trouver un logement aux « sans-abri » et « sans domicile » qui vivent dans la rue, et n'ont pas d'adresse permanente. Trouver un logement plus confortable aux « mal logés » dont le logement est peu confortable et mal équipé, sans eau, ni électricité, etc.

Lee Jong-Wook, Directeur général de l'OMS, déclarait en 2004 : « l'eau et l'assainissement sont indispensables à la santé publique. Je dis souvent qu'ils en constituent la base car, lorsqu'on aura garanti à tout un chacun, quelles que soient ses conditions de vie, l'accès à une eau potable, un assainissement et une hygiène correcte, la lutte contre un grand nombre de maladies aura fait un bond énorme ». Partant de cette réflexion, nous pouvons dire que l'étude du cadre de vie des populations, dont fait partie l'habitat, les sources d'approvisionnement en eau et l'hygiène du milieu, sont des moyens particulièrement importants pour connaître les réalités spécifiques d'une communauté humaine en matière de santé. Ces études qui ne sont pas exclusivement faites par les professionnels de la santé, mais avec d'autres partenaires sociaux, sont un préalable indispensable pour résoudre les problèmes communautaires.

La problématique théorique de l'habitat émane du phénomène d'urbanisation. En effet, dans les cinquante prochaines années, les urbanistes seront confrontés au défi d'une croissance urbaine qui va s'intensifier en Asie et dans le Tiers-monde. Londres a mis cent trente ans pour passer de 1 à 8 millions d'habitants. Lagos au Nigeria, qui n'en avait que 290 000 en 1950, en comptera 24,4 millions en 2015. Sur les 33 mégalopoles annoncées par l'ONU pour 2015, 27 seront situées dans les pays les moins développés, dont 19 en Asie. Tokyo avec 28,7 millions d'habitants en 2015, sera la seule ville « riche » à continuer à figurer sur la liste des 10 plus grandes villes du monde. Paris classée au 4e rang des villes les plus peuplées en 1950, sera reléguée à la 29e position en 2015. Bombay (Inde), Shanghai (Chine), Jakarta (Indonésie), Sao Paulo (Brésil), et Karachi (Pakistan), dépasseront, toutes, les 20 millions d'habitants. Devant de tels bouleversements, les avis des experts sont partagés entre ceux qui croient aux « méga villes » comme facteur d'émancipation de l'humanité, et ceux plus pessimistes qui prophétisent une implosion urbaine.

La croissance des villes est un phénomène inéluctable. Les agglomérations urbaines tendent de plus en plus à s'étendre sur un espace plus vaste. Les banlieues s'étendent, englobant petit à petit les villes voisines. L'urbanisation implique de nombreux défis à relever tels que combattre la pauvreté et les inégalités, éliminer les déchets et lutter contre les pollutions. Toutefois, la pauvreté extrême progresse plus vite dans les villes que dans les campagnes. Les inégalités y sont aussi plus fortes. Dans les pays en développement, la pauvreté touche la moitié des citadins, notamment les femmes, les enfants et les personnes âgées, qui sont plus vulnérables aux maladies, chômage, hausse des prix des denrées alimentaires ou de loyer.

Logement des populations

Dans les grandes villes de tous les pays, la pauvreté et le manque de logements ont pour conséquence l'augmentation de la population des exclus. Ces exclus sont des « sans-abri » qui vivent dans la rue, dans des vieilles voitures ou maisons abandonnées sans portes, ni fenêtres ; des « sans domicile fixe » nomades errant sans adresse permanente ; des « mal logés » dont le logement mal équipé n'a ni eau, ni électricité, ni confort.

Dans les grandes villes des pays pauvres d'Afrique, d'Asie ou d'Amérique latine, se sont aussi constitués de vastes bidonvilles où s'entassent des habitations de fortune faites avec des matériaux de récupération, vieilles tôles, cartons, morceaux de bois et de fût. Le phénomène touche aussi les pays développés où de plus en plus de citadins pauvres se retrouvent sans logement.

Selon l'UNESCO et l'OMS, il y aurait dans le monde un milliard de mal logés et 100 millions de sans-abri. Ces personnes très vulnérables, souvent exposées aux calamités naturelles qui fragilisent leur santé, ont une faible espérance de vie. Les épidémies, les conditions climatiques extrêmes (chaleur, froid) ou les catastrophes (inondations, séismes, cyclones, glissements de terrain, incendies, etc.) causent chaque année de graves dégâts matériels et des pertes en vies humaines. Chaque année, des incendies difficilement contrôlables ravagent des milliers d'hectares de forêts en Europe.

Les déchets radioactifs sont une menace planétaire. Les pays industrialisés cherchent à s'en débarrasser en Afrique, au mépris de toute considération éthique. Les eaux usées des villes peuvent polluer l'eau courante lorsque les réseaux d'assainissement sont défectueux ou insuffisants. Le chauffage et la circulation automobile, ainsi que les gaz toxiques issus des industries, sont à l'origine d'une importante pollution atmosphérique.

Toutes les villes sont conviées à mettre en place des mesures visant, d'une part à aider leurs habitants à se protéger, et d'autre part à lutter contre les sources de pollution. Mais dans les pays en développement en particulier, les municipalités ont rarement les moyens de faire des investissements suffisants en matière d'assainissement. La pollution a des conséquences sur l'environnement, mais aussi sur la santé, notamment celle des jeunes enfants et des personnes âgées, provoquant l'apparition ou l'aggravation de nombreuses maladies du système respiratoire (asthme, allergies, tuberculose. etc.).

Plus une ville se développe, plus elle produit des déchets dont il faut organiser la collecte, car l'accumulation des déchets facilite la propagation des maladies. Un recyclage utilitaire en compost ou en matériaux industriels divers est possible.

On peut dire en définitive que l'urbanisation est un phénomène qui s'accompagne d'importants problèmes parmi lesquels la crise de logement et l'insalubrité du milieu. Cette crise de logement favorise l'extension des bidonvilles et l'habitat précaire, ainsi que les pollutions diverses desquelles émanent de nombreux problèmes sanitaires.

2.2 Habitat social au Cameroun

Un logement social est celui construit pour permettre l'accès au logement décent de la classe sociale généralement la moins nantie. Ces logements dont la construction exige des subventions de l'État, sont vendus à un coût accessible. Les conditions de remboursement des prêts sont relativement allégées.

Au Cameroun, le concept de logement social est souvent mal interprété. Les logements sociaux sont plutôt occupés par les riches au détriment de la classe sociale la moins nantie.

A Yaoundé, il y a un projet de 1 200 logements sociaux à Olembé à l'entrée nord de la ville. 250 duplex, 950 villas individuelles comprenant 4 à 6 chambres et des appartements de 2 chambres, seront bâtis pour un montant global de 25 milliards de F CFA. Cependant, le problème fondamental reste celui du coût hors de portée des classes sociales moyennes (12 à 30 millions de F CFA). L'ancien camp SIC de Tsinga a été rasé et la CUY se propose de construire sur le même site 700 logements sociaux modernes. Mais l'acquisition de ces logements serait de l'ordre de 16 à 25 millions selon des sources non encore officielles.

En réalité, le logement social n'est pas exclusivement réservé « aux pauvres ». Les « riches » peuvent aussi y prétendre. Mais le problème est que les populations de conditions modestes sont presque naturellement exclues du fait des coûts trop élevés pour elles.

Le déficit de logement à Yaoundé est estimé à plus de 80 000 logements par an. Le MINDUH se propose de construire 4500 logements sociaux d'ici 2013. Ceci reste en perspective mais s'avère insuffisant. Les derniers camps SIC réalisés dans les grandes villes du Cameroun (Yaoundé, Douala, Buea, Limbé, Ebolowa) datent de 1986. Ceci traduit les difficultés que les pouvoirs publics et même les opérateurs privés rencontrent dans le domaine de l'habitat social au Cameroun.

2.3 Santé, maladie et malade : controverse et spécificité

- **Santé**

Selon Dubois, la santé est une adaptation dynamique de l'homme à son environnement.

La santé se définit d'abord en négatif par rapport aux notions de mal-être, maladie, morbidité, douleur, déficience. « C'est la vie dans le silence des organes ; lorsqu'on la possède, on n'y pense plus » (Haut comité de la santé publique. La santé en France : rapport général de 1994).

Si l'on y introduit une dimension sociale et psychologique, alors la santé s'oppose également à l'incapacité, au désavantage et au handicap.

- **Maladie**

La maladie est une altération organique ou fonctionnelle considérée dans son évolution comme une entité définissable (Petit Robert).

- **Morbidité**

La morbidité est le nombre de personnes malades ou le nombre de cas de maladies dans une population donnée à un moment donné.

- **Déficience**

La déficience est l'altération d'une structure ou d'une fonction anatomique (déficience physique), psychologique (déficience sensorielle ou viscérale) ou psychique (déficience mentale). Il s'agit d'un état temporaire ou permanent en référence à une norme biomédicale

- **Incapacité**

Réduction partielle ou totale de la capacité d'accomplir une activité d'une façon considérée comme normale pour un être humain.

- **Handicap**

Désavantage social conféré par l'incapacité et la déficience mais aussi par un environnement défaillant : pour un individu, le handicap est fonction des altérations de l'état de santé, des ressources personnelles, de l'environnement personnel et collectif.

- **Dépendance**

On utilise le terme de dépendance lorsque les actes élémentaires de la vie courante (se nourrir, s'habiller, se mouvoir, etc.) nécessitent l'aide d'un tiers pour être posés. Dans un tout autre contexte, l'on parle de dépendance à des produits toxiques.

La santé qui inclut une perception plus positive recouvre désormais les notions de bien-être et d'adaptation à l'environnement physique et social.

Cette approche dite perceptuelle renvoie au « ressentir », à ce que Canguilhem (1990) appelle « la vérité du corps ». Elle est éminemment subjective et variable suivant l'époque, le lieu, le sexe, la catégorie sociale, l'âge ; cette dimension « perceptuelle » est essentielle : c'est à la population de dire comment elle juge sa santé. Cette perception est déterminante : on sait l'influence sur le malade du vécu de la maladie. On peut s'étonner à cet égard du décalage qui existe entre mesure objective et perception subjective de la santé : des personnes âgées handicapées, des malades chroniques lourds jugent souvent leur état de santé satisfaisant.

La santé, à notre époque, fait aussi référence à une recherche de mieux-être. La demande de santé devient aussi une demande « de corps performant », beau, jeune, sportif, intelligent... La médecine du « désir », illustrée notamment par les prouesses de l'assistance médicale à la procréation et de la chirurgie esthétique, est entrée en scène. Le territoire de la santé évolue, il s'étend sous l'effet de la médicalisation, voire de la « médicamentation » croissance du mal-vivre et ses problèmes sociaux, mais aussi avec l'apparition des « bien portants, médicalement traités » : femmes enceintes, jeunes enfants, femmes ménopausées, personnes âgées...

La définition de la santé, en 1978, par l'OMS, présente l'intérêt d'insister sur les différentes dimensions de la santé. En envisageant l'aspect physique, psychique et social, elle ne privilégie pas l'aspect purement somatique auquel se limite trop souvent l'horizon médical. Elle véhicule une vision globale multidimensionnelle de l'homme. Il a d'ailleurs été envisagé de modifier la définition, en ajoutant une quatrième dimension : la dimension « spirituelle », le sens que l'on donne à sa vie. Cette définition donne en outre de la santé, une vision positive ne ramenant pas celle-ci à l'absence de maladie diagnostiquée. En cela, elle « démédicalise » la santé. C'est aussi une définition exigeante et dynamique.

Cependant, une telle acceptation de la santé présente quelques inconvénients. Elle pousse la démédicalisation très loin en insistant sur l'aspect purement subjectif de la santé. C'est le sujet et lui seul qui se dit en bonne santé ou non, puisque c'est son « bien-être » personnel qui définit la santé. Cette subjectivisation aboutit parfois à des incohérences. On peut se sentir en complet bien-être physique, psychique, social et spirituel et être atteint d'un début de cancer ; elle pousse l'exigence jusqu'à l'utopie. Le bien-être « complet » peut-il exister ? Comment pourrait-on le connaître, le mesurer ?

Plus grave est le caractère « statique » de la définition. La santé est moins un état, avec la connotation inerte, voire négative que cela comporte, qu'un processus qui se déroule dans le temps.

René Dubois a complété la définition de l'OMS en insistant sur l'aspect adaptatif de la santé qui, selon lui, est « un état physique et mental, relativement exempt de gêne et de souffrance, qui permet à l'individu de fonctionner aussi efficacement et aussi longtemps que possible dans le milieu où le hasard et le choix l'ont placé ».

La vision de la notion de santé est entendue non seulement comme un état, mais comme une réalité dynamique, inscrite dans les pratiques et les discours de la société tout entière, une élaboration psychologique complexe où s'intègrent en une image signifiante l'expérience de chacun, les valeurs et les informations circulant dans la société.

2.4 Panorama sur la conception d'habitat

L'habitat est le lieu de vie des hommes dans un espace donné. Ce concept désigne en général une case, une maison, un immeuble ou un abri tout court, qui a pour finalité de protéger l'homme des facteurs de nuisance naturels ou humains. L'habitat des peuples du monde varie selon l'espace géographique, les conditions climatiques et environnementales, les traditions et moyens matériels, les us et coutumes, les techniques architecturales, les normes imposées par un plan d'urbanisation, etc.

- Typologie de l'habitat

Dans l'histoire de l'humanité, les villes de Babylone et Jérusalem, avec leurs tours et leurs temples, ont marqué leur temps. Les pyramides d'Égypte tout comme les temples inca, sont des exemples de réalisations architecturales indélébiles dans le monde. Plus proche de nous, l'habitat est traditionnel ou moderne.

L'habitat a évolué et s'est diversifié. En 1930, les Juifs sont parqués en Allemagne dans des ghettos (sortes d'habitats particulièrement précaires et insalubres), peuplés de plus de 500 .000 personnes, appelés « antichambres de la mort ».

En Afrique, les Massai du Kenya vivent dans des habitats précaires et connaissent des conditions de vie très difficiles.

En Asie, notamment en Birmanie, l'habitat est fait de bambous, construit sur pilotis et sur de l'eau. Les inondations pendant la mousson d'été sont fréquentes.

Au Congo, l'habitat traditionnel est adapté à un climat chaud et humide. On y construit des cases au toit conique, en chaume. Cette forme conique du toit favorise le glissement de l'eau de pluie et l'aération.

Les Pygmées de la forêt du Cameroun vivent dans des huttes faites de branchages et de feuilles d'arbres.

Les nomades vivent dans des tentes en toile ou peau de bête.

Ces types d'habitats sommaires sont facilement démontables et adaptés à une culture ou un mode de vie particulier.

L'habitat traditionnel est fait de maisons ou abris construits selon les mêmes techniques maîtrisées depuis des générations. Les matériaux utilisés (pierre, sable, bois, bambou, terre battue, paille, natte de raphia, peau de bête, etc.) peuvent s'acquérir localement, ce qui est un avantage.

L'habitat protège les hommes contre les intempéries et les agressions de toute nature : froid, humidité, pluie, vent, chaleur du soleil, piqûres d'insectes, etc.

Les pratiques religieuses, les classes sociales, les symboles ou la culture peuvent influencer le type d'habitat.

L'habitat dit moderne est en général stable et confortable, réalisé selon les techniques modernes de plus en plus sophistiquées et scientifiquement éprouvées. Villas et gratte-ciels illustrent cette évolution. Ce type d'habitat est insuffisant dans nos villes, et reste en tout cas hors de portée du petit peuple.

Au Cameroun, les camps SIC destinés à abriter les travailleurs sociaux sont insuffisants depuis des années, et ne peuvent satisfaire à la demande sans cesse croissante.

- Appréhension scientifique de l'habitat

L'étude de l'habitat au plan scientifique fait appel aux disciplines diverses telles que l'histoire, l'archéologie, la géomorphologie, la pédologie, la sociologie, l'anthropologie.

Au plan historique, l'habitat des peuples à travers les époques nous permet de connaître leur civilisation. L'archéologie qui met un accent sur l'étude des vestiges de l'habitat des civilisations diverses par la connaissance architecturale des peuples antiques, a permis de découvrir des vestiges des villes préhistoriques. Les connaissances historiques peuvent inspirer les architectes modernes et servir de sources d'enrichissement de leurs techniques. L'habitat et les œuvres architecturales en général, sont le symbole des peuples dans leur culture ou leur religion. Exemple : les temples inca au Pérou, les pyramides d'Égypte, l'Acropole à Rome, la tour Eiffel à Paris, etc.

La géomorphologie, science qui a pour objet l'étude des formes de la surface terrestre, est convoquée chaque fois qu'une œuvre architecturale d'envergure doit être réalisée. La pédologie qui s'intéresse à la nature du sol sur lequel est bâti l'habitat, est un important facteur dont la prise en compte détermine la qualité de l'habitat, sa viabilité et sa sécurité. Les différents accidents tels que l'érosion, le glissement de terrain, le séisme peuvent menacer l'habitat. Ainsi par exemple, un sol marécageux ou sablonneux exige une fondation de profondeur appropriée et des matériaux de construction qui tiennent compte de l'envergure de l'œuvre architecturale et du terrain sur lequel cet habitat sera bâti, etc.

L'anthropologie s'intéresse à l'habitat en tant qu'entité faisant partie des us, coutumes et cultures des peuples du point de vue symbolique et religieux.

Voilà en bref, quelques disciplines scientifiques et bien d'autres, dont la maîtrise est intéressante en matière d'urbanisation et d'habitat.

- Habitat et santé des populations

Parlant de la biodiversité, il faut reconnaitre que la destruction des forêts met en péril les écosystèmes en provoquant la disparition des animaux qui y vivent. De même, l'habitat et l'environnement ont une influence capitale sur la santé et la vie des hommes. De nombreux facteurs issus de l'action humaine sont capables de détruire toute forme de vie. Ex : les armes biologiques, les déchets radioactifs, certaines expérimentations scientifiques sur l'homme ou dans la nature, la propagation des virus, etc.

En effet, on peut affirmer sans ambages que, selon qu'on est bien ou mal logé, les conditions de vie seront favorables ou non, avec pour corollaires les problèmes sanitaires qui en résultent. La protection de l'environnement doit être couplée à celle de l'habitat. Il faut vivre dans un environnement sain, autant qu'un habitat propre et salubre, gage de santé et de survie.

L'insalubrité du logement peut présenter un risque ou un danger pour ses occupants. La pollution de l'air intérieur par des gaz, fumées ou microorganismes pouvant générer ou aggraver les maladies respiratoires ou allergiques, aiguës ou chroniques. Les asphyxies par le monoxyde de carbone (CO) ne sont pas rares. Il y a quelques années à Yaoundé, une maman décédait pendant son sommeil avec ses deux enfants, à cause d'un réchaud à charbon resté allumé dans sa chambre exiguë, laquelle, de surcroît, était mal aérée.

Les crises d'asthme sont très fréquentes. On peut citer parmi les nombreuses sources de pollution : le chauffage, la cuisine, la tabagie, certains matériaux de construction, la peinture murale fraîche, les animaux de compagnie tel le chat dont les poils sont allergisants chez certaines personnes, etc.

Les polluants les plus directement impliqués dans les risques de santé des occupants sont :

- les moisissures liées à l'humidité, les allergènes d'animaux, et certains composés organiques volatils ou particules en suspension dans l'air (poussières, sciures de bois, peinture des garagistes pendant l'utilisation). Une bonne ventilation du logement joue un rôle dans l'élimination de ces polluants. Vue sous l'angle de la santé publique, la prolifération de l'habitat précaire est un facteur de dégradation du cadre de vie qui s'avère, par ricochet, nocive à la santé des populations.

2.5 Vue synthétique du concept salubrité

La précarité de l'habitat est souvent associée à l'insalubrité des locaux, c'est-à-dire à un manque d'hygiène, par opposition à la salubrité.

- Généralités

La salubrité désigne selon le dictionnaire français, le caractère de ce qui contribue ou est favorable à la santé.

La salubrité publique contrôle l'hygiène d'un milieu de manière à éradiquer toute forme de maladie endémique ou contagieuse.

Au début du 19^{e}siècle, Louis Pasteur qui réalise des recherches en microbiologie démontra que la maladie était le résultat d'une attaque de l'organisme par des germes. Grâce à cette théorie, la vaccination vit le jour. On admet que le confort et la sécurité sont tributaires du type d'habitat où l'on vit.

- Salubrité et santé

Les mesures de salubrité visent à préserver l'homme des maladies. A Paris, en France, la propreté est encouragée dès le 19^{e}siècle par les médecins et les pouvoirs publics, convaincus de l'influence de l'hygiène sur la santé.

Au Cameroun, dans les grandes métropoles comme Douala et Yaoundé, il existe des égouts d'évacuation d'excrétas des maisons d'habitation ou camps SIC, quoiqu'on déplore leur état calamiteux. A un niveau local, les latrines et fosses septiques servent à cet effet.

La salubrité pose cependant d'énormes problèmes à Yaoundé. Les trottoirs sont devenus des lieux d'aisances. Il y a peu de toilettes publiques dans les lieux de rassemblements populaires tels que les bars et les marchés. A Biyem-Assi et à la Cité verte, la pollution due aux égouts défectueux à fleur de rues, est un danger potentiel qui n'émeut personne en ce moment, malgré l'alerte donnée par les épidémies de choléra dans plusieurs régions du Cameroun.

La route desservant le marché Mokolo est un véritable dépotoir d'ordures. La circulation y est quasiment impraticable à cause de l'indiscipline des vendeurs à la sauvette appelés « sauveteurs ».

Faute d'un système d'évacuation efficace, exigeant des moyens colossaux comme nous l'avons relevé plus haut, les efforts de la CUY semblent voués à l'échec. Il importe que les citadins s'imprègnent de gré de la culture de salubrité urbaine, et adhèrent volontairement aux mesures d'assainissement préconisées. C'est ici que les amendes et autres dispositions répressives s'avèrent indispensables, puisqu'un discours persuasif ne suffit pas souvent. A un moment donné, un bon coup de poing sur la table est nécessaire et efficace, pour réduire au minimum ou enrayer l'indiscipline endémique qui règne dans nos villes. Quoi qu'il en soit, nous pensons qu'un accent particulier doit être mis sur l'éducation populaire et la communication des masses.

Les enfants vendent l'eau de boisson dans des bouteilles ramassées sur les poubelles et lavées sommairement ou pas du tout. La consommation de cette eau dans les conditions hygiéniques douteuses peut expliquer les cas de fièvre typhoïde, d'amibiase et autres gastro-entérites en recrudescence à Yaoundé. Les denrées alimentaires telles que les beignets, les viandes et poissons, sont exposées sans précautions particulières aux intempéries, à la poussière et aux mouches.

- Vivre ensemble et vivre salubre

Les regroupements populaires peuvent se justifier par les faits suivants :

- la recherche d'un emploi ou de nouveaux débouchés. Ex : la ruée vers les mines d'or a vu naître des villes dans le Far West légendaire d'Amérique ;

- la création d'une usine peut attirer une importante masse populaire dans une localité. Ex : usine à sucre à Mbandjock et Nkoteng au Cameroun ;

- les personnes ayant des affinités ethniques et linguistiques, une idéologie politique ou religieuse commune, peuvent se regrouper en communautés humaines.

Les regroupements populaires imposent un mode de vie communautaire. Les membres de ces regroupements ont des droits, devoirs et lois qui se focalisent sur la gestion sociale, la sécurité des biens et des personnes, ainsi que l'épanouissement individuel et collectif. Il faut également préciser que la vie dans les groupes impose un ensemble de conduites sur le plan de la salubrité : l'investissement humain en vue d'assainir le cadre de vie, la promotion de la santé, de l'hygiène collective et individuelle, sont autant d'activités importantes, si tant est que les membres de cette communauté humaine, ont le souci de préserver leur environnement des pollutions et des sources de nuisance.

2.5. Thématique sanitaire de la crise de logement

L'Homme est complexe autant que le milieu dans lequel il vit. Il subit dans son cadre de vie l'influence de nombreux facteurs qui interagissent et s'interfèrent. La notion de santé appliquée à l'être humain est essentiellement dynamique. En effet, nous sommes en plus ou moins bonne santé, ce qui est tributaire des nombreux facteurs environnementaux, collectifs, individuels socioculturels, endogènes ou exogènes. La santé ici n'est pas rigoureusement une absence de maladie, mais la possibilité pour chacun de mener à bien ses activités de façon autonome et indépendante. Selon Jules

Romain, « tout Homme bien portant est un malade qui s'ignore ».

Certains théoriciens de la santé s'appesantissent sur l'Homme en tant qu'objet et acteur de sa propre santé. D'autres soutiennent que pour être en bonne santé, l'Homme doit évoluer dans un cadre qui lui est favorable, afin que la nature puisse réaliser son œuvre en lui.

D'autres théoriciens encore mettent en épigraphe l'interdépendance santé et environnement.

Hippocrate (v460-v377 avant J-C)

Considéré comme le père de la médecine, Hippocrate stipule que les facteurs dont la maitrise est indispensable pour approfondir cet art sont : les saisons, la qualité des eaux, les vents, les états du sol, le genre de vie des habitants. Cet auteur accorde une importance prépondérante aux facteurs naturels, environnementaux et humains susceptibles d'influencer la santé. L'habitat en fait partie.

Florence Nightingale (1820-1910)

Cette infirmière fut la première à préconiser un modèle des soins infirmiers dès 1859. Pour Florence Nightingale, les soins infirmiers consistent à « mettre les patients dans les meilleures conditions pour qu'il puissent de manière naturelle répondre à leurs propres besoins ». Elle marque une différence nette entre la médecine qui soigne la maladie et l'infirmière qui soigne le malade, c'est-à-dire l'être humain dans ses dimensions bio-psycho-sociale, culturelle et spirituelle. F. Nightingale soutient que l'être humain est l'objet de nombreux problèmes tout au long de son existence. Ces problèmes exigent des soins appropriés. L'infirmière qui soigne le malade ou dispense des soins doit pouvoir mettre l'Homme dans un environnement qui lui soit favorable, afin que la nature puisse réaliser son œuvre en lui. L'air, la chaleur, la nourriture saine sont des facteurs importants de guérison.

La problématique de l'habitat et du cadre de vie se présente comme une relation indissociable de l'Homme avec la nature dans un environnement donné. Il lui appartient de vivre en harmonie dans cet environnement, car il reste clair que celui-ci influe sur sa santé. Cette théorie nous permet de comprendre qu'il est primordial de vivre dans un environnement favorable, afin que la nature puisse agir pour maintenir la santé. Aussi pouvons-nous convenir avec cet auteur qu'un habitat salubre dénué des facteurs de nuisance, favorise l'accès à la santé et son maintien.

Hildegarde Peplau (1952)

Cet auteur centre son intérêt sur le processus d'interaction entre infirmier et patient. Cette théorie se fonde sur deux hypothèses :

- les soins infirmiers contribuent au développement de la personnalité dans le sens de la maturité ;
- la personnalité de l'infirmier est essentielle au niveau de ce que le malade apprend.

Tout au long de sa vie, l'homme qui peut être affecté par la maladie, vit dans un état de déséquilibre. L'équilibre n'est finalement atteint qu'à la mort. Ainsi, pour cet auteur, la mort mettrait fin aux tribulations de la vie, réalisant ainsi la plénitude. Or, la vie et la mort sont deux réalités qui se côtoient mais se dissocient. C'est une vision qui n'intègre pas la conception théologique qui, elle, stipule que seuls les justes auront la paix après la mort.

Néanmoins, Pelau préconise que l'infirmier doit apporter des solutions spécifiques aux problèmes des malades, par des informations et des enseignements spécifiques.

Cette théorie peut être utile en matière d'habitat, dans la recherche des solutions spécifiques y relatives. La maitrise scientifique des problèmes sanitaires en lien avec l'habitat, est un facteur favorable à une bonne santé.

Nancy Roper (1976)

Pour Nancy Roper, l'être humain est un « système ouvert » en relation permanente avec son environnement. Il s'adapte, croît, se développe et tend vers l'indépendance. Les soins infirmiers ont pour finalité l'acquisition, le maintien ou la restauration de l'indépendance maximum pour chaque malade, dans la satisfaction des besoins fondamentaux ou de base, la prévention des maladies, la recherche de poursuite, la recherche du confort.

Roper propose les interventions suivantes :

- évaluer les capacités d'indépendance de la personne ;
- fixer avec le patient, si possible, des objectifs à court terme en fonction du temps disponible ;
- aider le patient à atteindre ces objectifs ;
- évaluer les actions.

La recherche des solutions aux problèmes posés par l'habitat précaire pourrait avantageusement se faire selon le modèle proposé par l'auteur de cette théorie. En effet, un logement ou habitat bien équipé, garantit le confort et l'indépendance des occupants. Ceux-ci sont à l'abri des besoins élémentaires. Leur personnalité et leur honneur sont préservés. Ils ne sont pas obligés de solliciter l'aide des voisins pour des problèmes de moindre importance, etc.

Calista Roy (USA 1970)

La théorie de Calista Roy se fonde sur la nécessaire adaptation de l'Homme à son environnement. Pour mieux vivre, l'Homme doit s'adapter à son milieu de vie. Nous pouvons dire à la suite de cet auteur qu'il s'agit d'une adaptation positive et non malgré soi. Il ne s'agit pas de se complaire à vivre dans un cadre ou un habitat malsain par nécessité ou par contrainte. Il faut, au contraire, améliorer son cadre de vie en appliquant les règles d'hygiène et de salubrité qui mettent à l'abri des problèmes de santé.

Martha Rogers

Cet auteur soutient que l'Homme et son environnement échangent continuellement de la matière, de l'énergie. Il y a ici une influence réciproque. En créant des entités qui détruisent la nature, les hommes créent les conditions de leur propre destruction. Il s'agit de protéger notre environnement et notre habitat faute de quoi la réciproque serait la détérioration de la santé.

Théories environnementalistes

L'environnement est une notion polysémique qui se définit comme l'ensemble des composantes naturelles qui entourent l'Homme.

On distingue par extension :

- l'environnement politique de la santé : il détermine les conditions infrastructurelles et les stratégies en vue d'améliorer la santé des populations. Il s'agit des moyens mis en jeu pour prévenir les maladies, soigner les cas courants, promouvoir la santé, faciliter la réinsertion sociale des personnes ayant été affectées d'une pathologie invalidante, etc.
- l'environnement socioculturel : il s'agit des croyances religieuses, itinéraires thérapeutiques, mythes, us et coutumes en lien avec la santé, etc.

- l'environnement économique : il tient compte des moyens matériels et financiers qui sont utilisés dans la gestion de la santé ;
- l'environnement physique : se rapporte aux conditions naturelles qui ont un impact sur la santé et la vie des populations.

Comme nous l'avons déjà souligné, l'Homme peut agir sur son environnement, et en retour, celui-ci peut marquer sa vie. Ex : le déboisement favorise l'érosion et la dégradation des sols, ce qui entraîne la désertification, le réchauffement climatique et la sécheresse. Il en résulte des calamités telles que la famine, la pauvreté, et les épidémies qui ont un impact négatif sur la santé.

Les pollutions de toute nature détériorent le cadre de vie et provoquent de nombreuses affections dont la gravité dépend de l'agent polluant. Ex : les déchets radioactifs provoquent des cancers ; les gaz toxiques sont souvent responsables d'affections broncho-pulmonaires ; les agents chimiques détériorent la vue ou la peau, etc. Hiroshima et Nagasaki, villes japonaises, portent encore les stigmates des bombes atomiques des 06 et 09 août 1945, avec 140 .000 morts. Plus proche de nous, Tchernobyl en URSS, suite à un grave accident nucléaire survenu le 26 avril 1986 dans la centrale Lénine, est une ville quasiment morte. L'accident nucléaire de Fukushima, le 11 mars 2011, est le plus grave de cette nature connu de nos jours : 4000 cancers de la tyroïde et près de 100. 000 morts recensés. Voilà des cas patents et bien d'autres qui illustrent l'action destructrice de l'Homme sur la nature et la réciproque qui en résulte, c'est-à-dire la mort ou la détérioration de la santé.

Cette théorie lève un pan de voile sur les interrelations comportementales, les motivations qui les sous-tendent et les conséquences qui en résultent.

Nous pouvons définir le comportement planifié comme l'ensemble des actions et réactions d'un individu selon un schéma prédictif ou un plan déterminé.

Au sens strict, le comportement est un ensemble de réactions observables objectivement chez un organisme qui agit en réponse à une stimulation venue de son milieu. C'est ce qui est fait ou dit pour s'adapter à son environnement.

Étudiant les comportements, Sigmund Freud crée la psychanalyse, technique faisant une introspection dans l'inconscient, afin de traiter certains troubles et désordres de la conduite. Köhler dans la théorie de forme ou théorie de Gestalt, étudie les sensations et perceptions et explique, dans leur totalité, tous les comportements afférents à une réalité.

Le contrôle a plusieurs sens dont nous retenons celui de la maîtrise et de la domination. Le contrôle suppose notre volonté de poser des actes ou d'agir en toute connaissance de cause. On peut limiter une action ou une attitude dans le temps et l'espace. Bref, on peut maîtriser quelque chose. A l'inverse, une chose qui échappe à notre contrôle ne nous appartient plus car il n'y a plus de maîtrise.

Les attitudes sont des prédispositions comportementales. Ce sont des comportements par anticipation, qui sont influencés par les normes personnelles, l'histoire sociale, etc. Les attitudes sont des compromis entre le comportement et la réalité sociale.

L'intention est un acte de la volonté par lequel on détermine le but d'une action, le motif qui fait agir.

La prédiction d'un comportement transite par trois conditionnalités :

1) La première concerne les comportements qui se font sous le contrôle volontaire. On parlera de contrôle total pour

signifier une action sans aucune pression ou obligation extérieure. Ici, les actes que l'on pose ou les attitudes qu'on adopte, sont entièrement dus à notre seule volonté consciente. Nous sommes maîtres de la situation, et nous pouvons orienter nos actes dans le sens qui nous paraît judicieux, ce qui rend la prévision impossible.

2) Lorsqu'il existe une possibilité de limitation de notre liberté à poser un acte, lorsqu'il faut profiter d'une opportunité ou lorsqu'un acte exige au préalable une certaine maîtrise technique, on parlera d'un manque de contrôle.

3) Comment l'individu perçoit-il lui-même cette notion de contrôle ? En d'autres termes, pouvons-nous comprendre les motivations individuelles ou les déterminants qui influent sur notre comportement ? Quelles sont nos prédispositions à agir au regard des facteurs physiques ou psychologiques qui s'interfèrent dans notre vie ? Pour répondre à ce questionnement, Ajzen (1985) propose deux attitudes, à savoir : l'intention et le degré de contrôle qu'on croit pouvoir exercer sur un comportement. L'action dépend de l'intention qu'on a et des capacités individuelles à poser un acte. La motivation est un facteur déterminant l'action.

La théorie behavioriste de Watson stipule que, connaissant la cause, on peut prévoir la réaction c'est-à-dire le comportement en réponse à un stimulus donné. A ce schéma, nous pouvons adjoindre la tendance néo-behavioriste selon laquelle la notion de personnalité interviendrait avant toute réaction, car les choses ne sont pas toujours aussi simples : ainsi nous avons le schéma :

Action ⟶ personnalité ⟶ réaction

- La personnalité apparaît comme l'un des facteurs intrinsèques qui se mobilisent pour déterminer nos actes.

La théorie du comportement planifié présente l'intérêt de faciliter la modification des comportements sur lesquels les hommes ont seulement un contrôle limité. Il est d'importance primordiale de bien cerner les motivations pour lesquelles les individus peuvent adopter un comportement ou non. Par exemple : pourquoi les petits commerçants, vendeurs à la sauvette, se réinstallent-ils toujours au même endroit, encombrant les trottoirs ou la chaussée dans la ville de Yaoundé ? Comment leur faire comprendre qu'ils orchestrent par ce comportement un désordre préjudiciable à la sécurité, au développement et à l'embellissement de la ville ? Pourquoi les populations pauvres construisent-elles en zones à risque, s'exposant volontairement au danger, au mépris des dispositions légales interdisant la construction en terrain escarpé ou marécageux ? Une approche approfondie pourrait être l'amorce d'une solution viable au problème de l'habitat au Cameroun.

- La maitrise de l'intention d'adopter un comportement et le contrôle qu'on peut avoir sur ce comportement peuvent permettre de modifier les comportements dans un sens souhaité c'est-à-dire favorable. Ex : dissuader les populations de construire en terrain escarpé avec des matériaux provisoires peut aider à éviter des accidents ;

- toute action éducative doit se faire avec la participation communautaire. Ces populations ne sont pas toujours ignorantes des réalités médicales, sociales ou scientifiques. Elles doivent donc cesser d'être considérées comme « Tabula rasa » et participer activement à la recherche des solutions à leurs problèmes ;

- un support de communication approprié est indispensable pour assurer les facteurs qui facilitent l'action ou éliminer ceux qui peuvent nuire ;

- il faut renforcer l'action préventive qui est le socle de la santé publique, autant que l'action prédictive.

D'une manière générale, les différentes théories que nous avons abordées dans le cadre de cette recherche nous expliquent les raisons, motivations ou déterminants qui interviennent dans le comportement des individus. Ces théories analysent le comportement de façon générale. Elles ont toutes des limites, mais présentent un intérêt évident : elles sont susceptibles d'influencer les comportements des individus à l'égard de la société.

Il est important de souligner que les comportements liés à la santé doivent être perçus sous l'angle social qui est le plus englobant, plutôt que sous le seul angle de leur rapport avec la santé et la maladie.

L'intérêt des modèles est de trouver les meilleures stratégies pour modifier les comportements sans lien, ni traumatisme pour les individus. Ces théories offrent de nombreuses possibilités en dehors des messages éducatifs qui ont des résultats peu satisfaisants.

Toutes ces approches ont pour dénominateur commun la promotion de la santé. Cependant, une action efficace transite nécessairement par l'identification des facteurs qui expliquent le comportement.

On peut aussi faire la synthèse des modèles ou utiliser les principes importants de chacun pour toute démarche dans l'adoption des meilleurs comportements.

Ceci dit, notre réflexion débouche sur le cadre méthodologique qui nous permettra d'avoir une idée plus concrète des notions théoriques ci-dessus évoquées au regard de la problématique de l'habitat au Cameroun. Nous avons mené notre étude au quartier Mbankolo dans la ville de Yaoundé.

CHAPITRE 3

APPROCHE METHODOLOGIQUE ET ENQUETE SUR LA CRISE DE LOGEMENT AU CAMEROUN : LE CAS DE MBANKOLO

Dans ce chapitre, nous allons présenter la méthodologie de notre étude c'est-à-dire la démarche que nous avons suivie pour parvenir à nos résultats.

Nous avons mené une enquête qui est descriptive, prospective et analytique. Elle se propose de mettre en évidence les différents paramètres du phénomène d'urbanisation et d'habitat, en rapport avec la santé des populations du quartier Mbankolo à Yaoundé.

Le quartier Mbankolo présente deux physionomies : un bloc dit populaire, fait d'habitats essentiellement précaires et insalubres (bloc n° 8), et un bloc dit riche fait de villas propres (bloc n° 2). Nous enquêtons sur l'impact du type d'habitat sur la santé des populations dans les deux types de quartiers. C'est une étude comparative dont l'échantillon retenu est de 50 ménages dans le bloc populaire et 50 ménages dans le bloc riche.

3.1. De l'examen de l'hypothèse et ses variables

L'hypothèse principale de cette étude est la réponse anticipée à la question suivante : *l'habitat a-t-il un impact sur la santé des populations au Cameroun* ?

Hypothèse générale et ses variables

En réponse à cette interrogation de départ, nous avons mené une enquête en élaborant l'hypothèse générale suivante : *l'habitat a un impact sur la santé des populations au Cameroun.*

Cette hypothèse se justifie par les faits suivants :

a- un habitat insalubre marqué par un manque d'hygiène la promiscuité, le bruit, etc., prédispose les populations à plusieurs types de maladies ;

b- bâtir des maisons d'habitation sur des terrains jugés impropres à la construction constitue une menace pour la sécurité des populations (zones escarpées, bas-fonds) en ce sens qu'il y a des risques d'accidents ou catastrophes (éboulements, glissements de terrain, inondations, etc.). Par ailleurs, l'insalubrité de l'habitat, la mauvaise évacuation des excrétas et des eaux usées, etc. favorisent la prolifération des vecteurs de maladies (souris, moustiques etc.) ;

c- les bruits génèrent le stress, les problèmes auditifs, et constituent un facteur limitant au repos compensateur ;

d- par contre, un cadre de vie sain prédispose de façon évidente à une bonne santé et à l'épanouissement des individus ;

e- du point de vue individuel, le niveau socio-économique favorise l'accès aux soins de santé et la satisfaction des besoins fondamentaux ;

f- par ailleurs, l'instruction est importante dans la mesure où les problèmes sanitaires et environnementaux sont mieux appréhendés par les personnes ayant un niveau d'instruction élevé ou moyen.

Hypothèses secondaires

Nous avons élaboré les hypothèses secondaires suivantes :

HR_1 : La qualité des matériaux utilisés pour la construction de l'habitat a un impact sur la santé des populations de Mbankolo.

HR_2 : Le respect des normes architecturales a un impact sur la santé des populations de Mbankolo.

HR_3 : Le type de site sur lequel est bâti l'habitat a un impact sur la santé des populations de Mbankolo.

Variables et modalités de l'étude

Dans notre étude, nous avons la variable indépendante qui est *l'habitat* et la variable dépendante qui est *la santé des populations.*

La qualité des matériaux de construction

Modalités

i) Murs des maisons d'habitation en :

- béton armé ; brique de terre ; brique de terre pressurisée ; brique de terre cuite ; terre battue (piquet + bambou + terre) ; parpaing ; bois non traité ; bois traité ; paille ; écorce ; matériaux divers de récupération (vieilles tôles, morceaux de fût, cartons, etc.).

ii) Toits des maisons d'habitation en :

- tôle ondulée ; tôle back ; béton armé ; paille ; natte de raphia ; feuille d'arbre ; toile ou bâche, etc.

Le non-respect des normes architecturales

- construction en zones interdites ;
- absence de titre foncier ;
- absence de permis de bâtir ;
- constructions anarchiques ;
- utilisation des matériaux provisoires ;
- absence d'études préalables du sol ;
- mauvaise hygiène du milieu ;

- absence d'eau ;
- humidité des maisons ;
- absence de sources d'éclairage ;
- murs lézardés pouvant s'effondrer ;
- mauvaise technicité dans la construction d'immeubles à plusieurs niveaux ;
- construction en zones dangereuses. Ex : constructions proches d'un dépôt de carburant ou d'une voie ferrée ;
- encombrement des voies publiques par des petites constructions provisoires à usage commercial.

Tableau n°1 : Synopsis des hypothèses, variables, modalités, indicateurs, indices de l'étude

HG	HR	VI	Modalité des VI	Les indicateurs des modalités	Les indicateurs ou item	VD	Les modalités de la VD
L'habitat a un impact sur la santé des populations au Cameroun	HR_1 : La qualité des matériaux utilisés pour la construction a un impact sur la santé des populations de Mbankolo	Habitat	Les matériaux de construction	Mauvaise qualité	Murs de maison en : béton armé, brique de terre -Terre cuite -Terre pressurisée -Terre battue (piquet + bâton + terre) -Parpaings -Bois non traité -Paille -Écorce -Matériaux divers de récupération	Santé des populations	Bonne santé Santé précaire

					(vieilles tôles, morceaux de fût, cartons, etc.) -Toit de maison en tôle ondulée -Tôle back -Béton armé -Paille -Natte de raphia -Feuilles d'arbres -Toile ou bâche, etc.		
	HR_2 : Le respect des normes architecturales a un impact sur la santé des populations de Mbankolo	Habitat	Les normes architecturales	Respect Non-respect	-Construction en zones interdites -Absence de titre foncier -Absence de permis de bâtir -Constructions anarchiques -Utilisation des matériaux provisoires -Absence d'études préalables du sol -Absence d'eau -Humidité des maisons -Murs lézardés pouvant	Santé des populations	Bonne santé Santé précaire

					s'effondrer -Mauvaise technicité de construction d'immeubles à plusieurs niveaux -Construction en zones dangereuses (dépôt de carburant) -Encombrement des voies publiques par les petites constructions provisoires à usage commercial		
	HR_3 : Le type de site dans lequel est bâti l'habitat a un impact sur la santé des populations de Mbankolo	Habitat	Les types de sites	Approprié Non approprié	-Flancs de collines -Bas-fonds -Terrains marécageux -Terrains sablonneux -Mangrove -Zones à risques d'éboulements -Zones à risques de glissements de terrain	Santé des populations	Bonne santé Santé précaire

3.2. Présentation sommaire de la ville de Yaoundé

Surnommée la ville aux sept collines ou encore Ongola, Yaoundé est la capitale politique du Cameroun depuis 1909. C'est la seconde ville du pays après Douala. Yaoundé est le chef-lieu de la région du Centre, dans le département du Mfoundi. Au plan géographique, la ville de Yaoundé est située au sud de la région du Centre et implantée sur un réseau de collines dominées par les monts Mbam Minkon (1 295 m), le mont Nkolodom (1221 m) dans le secteur nord-ouest de Yaoundé et le mont Eloumdem (1 159) au sud-ouest. Les différents quartiers, disséminés de manière anarchique, laissent une place importante à la végétation dans les bas-fonds. Yaoundé est traversée par de petits cours d'eau. Quelques-uns parmi eux sont les rivières Mfoundi, Biyeme et Mefou. Près du centre administratif se trouve le lac central.

- La population de Yaoundé

La ville de Yaoundé s'étend sur 304 km² et abrite une population estimée en 2002 à 2.000. 000 d'habitants, soit une densité moyenne de 5. 691 habitants au km². Le taux d'urbanisation au Cameroun est passé de 37,8% en 1987 à 47,2% en 1997 (MINEFI 1997). La croissance annuelle de la population est estimée à 6,8%.

- Histoire de la ville de Yaoundé

La dénomination « Yaoundé » vient de « Ongola » qui signifie enclos ou clôture. Un des premiers résistants à la pénétration européenne nommé Ombga Bissogo disait à Essono Ela qui avait accueilli les premiers « Blancs » en 1889, de ne plus leur donner du terrain, et de fermer les frontières de la ville à l'aide d'une clôture. Yaoundé a définitivement été fondée le 30 novembre 1889 par Kurt Von Morgen, Goerge Zenker et un certain Mebenga Mebomo qui deviendra Martin Paul Samba, leur guide. Le premier nom de

Yaoundé était « Epsum », c'est-à-dire « Chez Essomba » ou encore « N'tsonum », « chez Essono Ela ». Yaoundé fut dès sa fondation un poste militaire allemand sur une colline du pays éwondo. Elle se développa grâce à des commerçants allemands, comme base pour le commerce de l'ivoire. Elle fut occupée par des troupes belges pendant la Première Guerre Mondiale, avant d'être placée sous protectorat français.

Une version étymologique soutient que, dès 1887, une première équipe allemande était passée avec à sa tête le capitaine Kunt et Tapenbeck qui se rendaient au sud Nachtigal depuis Grand Batanga. Ayant aperçu des gens qui semaient des arachides dans cet endroit vallonné, ils leur ont demandé où ils étaient. Les planteurs ont répondu qu'ils étaient « Mia Wondo », « les semeurs d'arachides ». Cette expression fut perçue et traduite par les Allemands comme « Yaoundé ».

Les premières grandes constructions de Mvolyé datent de 1901 à 1907, alors que le palais de Charles Atangana d'Efoulan a été construit entre 1904 et 1910. Le plus vieux bâtiment de la ville est situé derrière le ministère des Finances, à côté du petit cimetière allemand. Il a été construit par le Major Hans Dominik entre 1896 et 1899.

La majorité des bâtiments publics de Yaoundé date de plusieurs décennies. Parmi les bâtiments les plus imposants, on peut citer le siège de la BEAC, la tour de la SNI (Société nationale d'investissement), l'hôtel Hilton, la présidence de la République, le palais des congrès, l'hôtel Mont Fébé, les grands bâtiments ministériels, l'ambassade américaine, et un grand nombre de résidences privées dans les quartiers huppés, dans un style futuriste.

Cette allure de ville moderne contraste paradoxalement avec certains bidonvilles qui laissent croire que beaucoup reste à faire en matière d'urbanisation et par rapport aux problèmes environnementaux à Yaoundé.

Malgré la modernisation du réseau routier avec la construction d'un échangeur au carrefour de la région du Centre à Nlongkack, certains axes routiers jonchés de nids-de-poule se présentent comme de véritables bourbiers en saison pluvieuse. Beaucoup de quartiers, à l'instar du bloc n°8 de Mbankolo, sont enclavés.

Délimitation géographique du quartier Mbankolo

Le bloc n°8 où nous avons mené notre enquête du quartier dit insalubre ou populaire, est délimité au nord par le mont Mbankolo (1096m), au sud par le bloc n°5, à l'est par le carrefour Mbankolo à quelques distances du carrefour Golf, et vers l'ouest par le nouveau bloc appelé « petit village », à quelques kilomètres du quartier Oyomabang dont les constructions sont visibles au loin. La population de ce quartier est estimée à environ 1500 habitants. En contrebas se trouve une cuvette encastrée entre deux collines. L'habitat occupe les flancs des deux collines, aussi bien que la vallée où coule un petit ruisseau appelé Minsolé. Une source d'eau potable aménagée par les populations elles-mêmes, est le seul point d'eau de boisson et de ménage de ce bloc. Les puits sont peu nombreux et très profonds (plus de 10 mètres). Le quartier est enclavé, car il n'y a aucune route. On y accède par de petites pistes qui passent par les maisons. Les servitudes sont rares. Entre deux maisons, un espace d'un mètre suffit. Les titres fonciers et autorisations de bâtir sont rares. Il n'existe aucune adduction d'eau potable, ni de structure sanitaire publique.

Les maisons sont majoritairement habitées par leurs propriétaires, quoiqu'on y trouve quelques locataires. Rappelons que le flanc sud est une zone de relief escarpé interdite à la construction, qui a déjà subi deux déguerpissements forcés. Malgré ces actions de la communauté urbaine, les populations se sont réinstallées sur le même site.

Dans cette étude, la population est constituée des chefs de ménage du quartier Mbankolo respectivement dans le bloc n°8 : 400 ménages ; et le bloc n°2 : 300 ménages. La première descente sur le terrain a consisté à marquer tous les ménages du quartier. Il s'agissait de marquer avec la craie, un numéro sur la porte ou à l'entrée de chaque ménage, de façon à pouvoir l'identifier.

3.3. Technique d'échantillonnage et l'échantillon de l'étude

En pratique, on ne considère que très rarement l'ensemble des participants qui composent une population. Administrer le questionnaire à tous les membres d'une population serait l'approche idéale. Mais cela présente souvent des contraintes, notamment de coût et de temps. L'usage est donc de ne considérer qu'une partie des membres appartenant à cette population. Ce sous-ensemble est appelé échantillon. L'échantillonnage est le processus qui permet d'extraire ce sous-ensemble. Il permet au chercheur d'estimer des caractéristiques d'une population en observant directement une partie de l'ensemble de la population.

Il existe généralement deux catégories de techniques d'échantillonnage :

L'échantillonnage non probabiliste et l'échantillonnage probabiliste. La différence entre ces deux catégories tient à une hypothèse de base au sujet de la nature de la population étudiée. Dans le cas de l'échantillonnage non-probabiliste, on suppose que la distribution des caractéristiques à l'intérieur de la population est juste. C'est ce qui fait que le chercheur croit que n'importe quel échantillon serait représentatif et que les résultats, par conséquent, seraient exacts.

L'échantillonnage probabiliste entraîne la sélection d'un échantillon à partir d'une population, sélection qui repose exclusivement sur le hasard (aléatoire) ou la chance. D'une manière générale, l'échantillon doit être assez grand pour que les résultats soient suffisamment précis.

- Échantillon

Un échantillon représentatif d'au moins 10% de cette population a été calculé. Nous avons retenu 50 ménages dans chacun des blocs ci-dessus cités. Sachant que $N= 400$ est la population totale de notre étude, et n = 50 le nombre de ménages à enquêter, nous avons calculé le pas : $\boldsymbol{P} = \frac{N}{n}$ P=8

Nous avons tiré au hasard (méthode aléatoire) le premier ménage. Ensuite, nous avons déterminé systématiquement les autres ménages à enquêter, soit cinquante ménages au total. L'espace entre deux ménages est de huit. Nous avons effectué un travail similaire dans les deux blocs. Ce travail préalable a pour intérêt de limiter les biais, car deux ménages trop proches peuvent présenter des réalités semblables.

Dans le bloc n°2 le pas était de 6.

- Choix et formation des enquêteurs

Nous avons tenu à former nos enquêteurs qui étaient au nombre de 4 avant la collecte effective des données : deux étudiantes, une institutrice, et un agent de sécurité. Cette formation portait sur notre thème de recherche, l'outil de collecte des données utilisé était un questionnaire. Il s'agissait de maîtriser le thème de l'enquête et toutes les nuances du questionnaire en vue de réaliser une collecte des données fiables, tout en limitant les biais au strict minimum. Enfin, les enquêteurs devaient avoir une même compréhension des questions. Le volet psychologique des répondants avait été pris en compte. Les enquêteurs devraient être polis, donner aux répondants des explications sommaires sur l'enquête qui s'effectue, garantir l'anonymat des répondants ainsi que le respect de l'éthique et de la déontologie, ne pas gêner par un discours trop long, savoir remercier, ne manifester aucune nervosité en cas de refus de répondre ou de recevoir, noter tous les problèmes évoqués par le répondant, ne pas suggérer de réponse ni l'orienter, etc.

L'instrument étant revu et corrigé après le pré-test, l'échantillon sélectionné de la population parente, il ne nous restait plus qu'à procéder à l'administration définitive du questionnaire.

Comme l'affirment Ghiglione et Matalon (2004), l'enquête peut se dérouler, soit au domicile du participant, soit dans les lieux publics. Dans cette recherche, nous avons administré le questionnaire au domicile des répondants. Certains participants étaient très enthousiastes et volontaires, d'autres au contraire, manifestaient de la réticence ou de la méfiance, malgré nos explications préliminaires sur l'anonymat, la confidentialité, le but de l'enquête, etc. Le jour le plus approprié était le dimanche soir. Nous avons préféré l'administration indirecte (l'enquêteur remplit lui-même le questionnaire), ceci évite les pertes de temps et limite les biais dus à une interprétation qui peut prêter à équivoque. L'enquête s'est déroulée du 6 au 27 juin 2010, notamment les dimanches après-midi.

3.4. Outils de collecte des données

Nous avons fait une étude à volets quantitatif et qualitatif. C'est pourquoi nous avons administré un questionnaire et organisé des discussions en groupe.

3.5. Questionnaire

Notre questionnaire comporte les différents axes suivants :

a- Informations relatives à l'identification du ménage

Les facteurs individuels

- Sexe, âge, lieu de naissance, profession, niveau d'instruction, lieu de provenance et durée de résidence dans le quartier.

b- Caractéristiques du ménage

- La taille du ménage, type d'habitat, sources d'approvisionnement en eau, gestion des excrétas et ordures ménagères.

c-Niveau de culture et appréhension des problèmes environnementaux

- Identification des principaux problèmes ; maladies récurrentes ;
- stratégies en vue de solutionner les problèmes en rapport avec l'habitat ;
- identification des différentes pollutions ;
- déchets d'origine industrielle, bruits ;
- mauvaises odeurs, mauvaise évacuation d'excrétas, mauvaise évacuation des eaux usées.

- **FOCUS GROUP DISCUSSION**

La discussion que nous avons eue en groupe focal ne correspond pas à un entretien semi-structuré dans lequel le modérateur ou « facilitateur » pose des questions précises auxquelles doit répondre le groupe. La discussion en groupe focal présente des avantages et des inconvénients.

Avantages

- Elle est souvent bien acceptée par les communautés ;
- elle est un bon instrument de recherche qui peut être suivi d'un entretien approfondi ou d'observations ;
- elle peut être dirigée assez facilement par des personnes peu formées dans la recherche qualitative.

Inconvénients

- Les groupes focaux sont limités dans l'exploration des sujets délicats en profondeur ;
- les résultats des groupes focaux ne sont pas facilement généralisables à toute la communauté ;
- les personnages forts dans les groupes focaux ont souvent tendance à dominer et influencer les avis des autres.

Nous avons tenu deux focus group discussions : un dans le quartier insalubre et un dans le quartier salubre, sur le thème « habitat précaire ». Les raisons suivantes ont motivé ce choix :

→ plaintes récurrentes des populations de ce quartier au sujet de l'absence d'infrastructures sanitaires publiques et des voies de communication ;

→ manque d'eau potable et d'énergie électrique dans les ménages ;

→ déguerpissements forcés de la CUY qui posent un véritable problème social aux populations pauvres.

Au terme de ces discussions, il ressort ce qui suit : les pouvoirs publics doivent créer des voies de communication (routes), des centres de santé, des écoles, des adductions d'eau potable, et faciliter l'électrification du quartier.

Les populations invoquent la tolérance du gouvernement quant aux déguerpissements forcés. Pour elles, construire sur des terrains interdits à la construction relève d'une nécessité vitale, non d'une fantaisie. Au mieux, un recasement dans une localité appropriée devrait être une bonne solution à ce problème.

Les populations doivent avoir un comportement responsable en matière d'hygiène et de salubrité du milieu.

Enfin, le Gouvernement doit étudier et mettre en œuvre des stratégies pour aider les pauvres à obtenir des financements en vue de réaliser un habitat salubre.

Il ressort de notre enquête exploratoire que les populations du quartier riche connaissent des problèmes de santé autres que ceux spécifiquement liés au type d'habitat. Ex : HTA, goutte, diabète, obésité, etc.

Les ménages de ce quartier sont majoritairement satisfaits de leur habitat qu'ils déclarent décent.

Au plan infrastructurel, il y a des routes bitumées dans ce bloc. Les services de la communauté urbaine ou la société HYSACAM collectent régulièrement les ordures ménagères déposées dans les bacs. On note cependant comme problème, des coupures intempestives d'eau. Ces coupures d'eau obligent les populations à se déplacer pour aller puiser l'eau potable ailleurs. Ici, l'eau minérale est consommée comme eau de boisson. Dans ce bloc, l'insécurité due au vol, les agressions et les braquages semblent être plus préoccupants. On comprend que les riches soient la cible des bandits. Dans le bloc riche, l'habitat est spacieux, aéré, salubre. Les jardins de fleurs et les espaces verts rendent ce milieu plus agréable. Aucune menace de déguerpissement ne pèse sur ce quartier.

Les pouvoirs publics doivent se pencher sur le problème de logement des pauvres. Il s'agit par exemple de créer un habitat social capable d'abriter une bonne tranche de cette classe, faciliter l'acquisition de terrains lotis, mettre en œuvre une politique de recasement, promouvoir l'hygiène et l'assainissement du milieu, réduire les sources de pollution.

3.6. Enquête et difficultés rencontrées

Il était impératif de s'assurer que le questionnaire était bien pertinent et qu'il répondait effectivement aux problèmes de l'habitat. Pour cela, une séance de vérification empirique a été faite. Il s'agissait d'essayer un échantillon réduit prévu pour l'enquête.

L'utilité de ce pré-test était de pouvoir faire, en cas de besoin, des réajustements du questionnaire de façon à assurer une meilleure fiabilité et à lever des pans d'ambiguïtés. Ce pré-test a été effectué respectivement aux quartiers Carrière et Ntougou I, qui sont des quartiers voisins du quartier Mbankolo où nous avons effectué notre recherche. Aucune ambiguïté n'ayant été retenue, le guide d'entretien et le questionnaire ont été validés.

L'accès au quartier Mbankolo au niveau du bloc n°8 est un parcours difficile. On y accède par de petites pistes qui passent les maisons. De plus, la nature du relief rend le déplacement périlleux à certains endroits. Il faut se déplacer très lentement, de peur de faire un faux pas qui pourrait se solder par un accident grave à travers la chute dans un ravin.

Dans le bloc riche, les portes sont toujours fermées. C'est la méfiance absolue. Le sentiment d'insécurité oblige les occupants des villas à se terrer dans leurs logements, par crainte des agressions.

Les enquêteurs ont essuyé d'énormes difficultés pour collecter les données dans ce bloc. Souvent, ils se heurtaient au refus catégorique de répondre.

3.7. Respect de l'éthique

Dans notre questionnaire, nous avons pris soin au préalable d'expliquer aux répondants l'objet de notre enquête : la finalité en était académique et scientifique. Ceci avait été expliqué aux répondants avant l'enquête. De plus, l'accent avait été mis sur l'anonymat total. D'éventuels bénéfices pour la population pourraient se dégager de cette étude, si les autorités en charge des problèmes urbains étaient suffisamment édifiées sur la portée de notre recherche. Par exemple : construire des centres de santé et des routes ; électrifier le quartier et procéder à des adductions d'eau potable, promouvoir l'habitat social dans ce quartier, recaser les déguerpis sur un site approprié.

3.8. Dépouillement

Nous avons fait le dépouillement manuel de nos outils d'enquête. Le logiciel SPSS a été utilisé pour le traitement des données, le croisement des variables de l'étude et les graphiques qui facilitent la visibilité des résultats obtenus.

L'enquête est un outil complexe et exigeant qui nécessite une certaine technicité. Nous avons choisi d'administrer un questionnaire et de faire une discussion en groupe focal dans chacun des deux blocs.

Notre questionnaire est fait de questions fermées, de questions à choix multiples et de questions ouvertes.

Nous avons retenu des questions fermées qui présentent l'avantage d'être faciles à codifier, à dépouiller et à analyser. Elles ont cependant l'inconvénient de limiter la pensée des enquêtés. La question fermée sur un aspect intime, par exemple, est embarrassante et ne trouve pas toujours de réponse.

Nous avons également quelques questions à choix multiples qui donnent un plus large éventail de réponses. Elles sont faciles à codifier, à dépouiller et à analyser.

Enfin, nous avons retenu quelques questions ouvertes. Ici, l'enquêté s'exprime librement sur un thème délicat ou complexe. Cependant, ces questions comportent l'inconvénient d'être difficiles au dépouillement et à l'analyse du contenu.

L'échantillon est une fraction représentative d'une population donnée. Les résultats de l'enquête obtenus dans ce groupe restreint doivent être généralisables, car l'échantillon présente les mêmes caractéristiques que la population cible.

Nous avons procédé à une observation directe. Ex : le type de site sur lequel sont bâtis les logements, le type de logement qui est facilement observable, les voies de communication dans le quartier et les infrastructures, les sources d'approvisionnement en eau, et les mesures d'évacuation des ordures ménagères.

Les concepts en sciences humaines sont souvent complexes. Nous ne les retenons pas dans notre étude. Par exemple : les concepts "pauvreté", "richesse" restent relativement vagues et subjectifs. En effet, quand dit-on qu'on est pauvre ou riche ? Quoi qu'il en soit, nous avons considéré la pauvreté au sens où elle se définit comme un manque ou une insuffisance de moyens en vue de réaliser certains objectifs, ou de posséder ce qui peut favoriser les conditions de santé ou de vie tout court. Ainsi, un habitat délabré, fait en matériaux de récupération (vieilles tôles, ou morceaux de carton) manquant totalement de confort et de salubrité, dénote un faible niveau de vie, et donc la pauvreté.

A l'inverse, la richesse a plusieurs sens. Nous retenons celui d'une abondance de biens en quantité et en qualité.

Ainsi, une villa en matériaux définitifs, réalisée selon les méthodes architecturales reconnues dans l'art et la technicité moderne, qui font preuve de durabilité, exigeant d'importants moyens financiers, matériels et humains, est une marque de richesse. On peut ici parler d'un habitat « riche » ou « propre » ou « salubre ». Il s'y dégage la beauté extérieure et intérieure, le confort, l'aisance qui prédisposent au bien-être des occupants. On y trouve les équipements modernes, l'eau courante, l'électricité, les toilettes avec chasse d'eau, la climatisation, etc. Les vecteurs de maladies (souris, cafards, moustiques) n'y ont pas accès. On y circule aisément. Les chambres y sont rationnellement occupées. Pas de surpeuplement. Le matériel et le mobilier y sont bien rangés. Les espaces verts pour la détente y sont aménagés à l'extérieur de l'habitat, loin des bruits des bars et les fumées des usines.

Tels sont retenus, ici, les critères relativement objectifs pour qualifier les deux types de quartiers de notre étude.

Le bâtiment d'habitation se présente comme un environnement particulier, un cadre intérieur qui peut être sain ou pollué et présenter un danger pour ses occupants. La pollution de l'air intérieur par des gaz toxiques ou des microorganismes, peut occasionner une aggravation des maladies respiratoires chroniques ou aiguës, des allergies, des crises d'asthme, d'asphyxie au Co (monoxyde de carbone) lorsqu'on fait la cuisine dans un local qui sert de chambre à coucher. D'autres causes telles que les animaux domestiques aux poils allergisants, le tabagisme, la moisissure liée à l'humidité, sont autant de facteurs de nuisance pour la santé.

L'habitat précaire expose aux risques d'incendies. Ce type de logement ne prévoit généralement aucune mesure de sécurité ou d'évacuation en cas d'incendie. En Europe, des milliers d'hectares s'envolent en fumée chaque année malgré les moyens sophistiqués de lutte contre les incendies. En France, 10 000 personnes en sont victimes. Quand il ne tue pas, un incendie peut entraîner de graves séquelles physiques, respiratoires, traumatiques et psychologiques.

A Yaoundé, nous vivons une forme de précarité de l'habitat en ce sens qu'il se bâtit des pseudos habitats en matériaux définitifs, des immeubles dont la fiabilité des travaux reste des plus incertaines. On a connu, à Elig-Essono, l'écroulement de deux immeubles pourtant apparemment bien bâtis, mais en réalité précaires.

Le logement indigne est souvent inconfortable, insalubre, dangereux avec des menaces permanentes sur la vie quotidienne des ménages, mieux, sur leur santé. Les risques peuvent être les suivants :

- installations électriques défectueuses pouvant entraîner des courts-circuits, incendies et électrocution ;

- effondrement de l'habitat avec ensevelissement des occupants. Conséquences sanitaires et psychologiques ;

- l'humidité peut entraîner des crises d'asthme, des allergies, des rhinites chroniques, des maladies parasitaires et de la peau (gale, mycoses).

Au plan psychologique, les occupants des logements précaires sont marqués par : le repli sur soi, la dépression, la honte, l somatisation, la peur des accidents, des actions de la mairie ou du gouvernement (déguerpissement forcé), des agressions (car les quartiers pauvres sont souvent fréquentés par les malfrats, les bandits, les drogués, les prostituées), des conflits avec les voisins regroupés dans un espace exigu, etc.

Notre étude comprend deux variables :

- la variable indépendante : *l'habitat ;*
- la variable dépendante *: la santé des populations.*

Notre variable indépendante (l'habitat) a été opérationnalisée en modalités. Ces modalités sont les suivantes :

- qualité des matériaux de construction ;
- respect des normes architecturales ;
- type de construction.

Notre variable dépendante (la santé des populations) n'a pas été opérationnalisée directement mais renvoie dans le cadre de ce travail à :

- bien-être, maladie, etc.

Cette opérationnalisation nous a permis d'avoir trois hypothèses que nous présentons dans les lignes qui suivent :

HR_1 : La qualité des matériaux utilisés pour la construction de l'habitat a un impact sur la santé des populations de Mbankolo.

HR_2 : Le respect des normes architecturales a un impact sur la santé des populations de Mbankolo.

HR_3 : Le type de site sur lequel est bâti l'habitat a un impact sur la santé des populations de Mbankolo.

Les modalités et indicateurs de la recherche

- définition, respect des normes architecturales.

3.9. Outils d'analyse des données quantitatives : le test du khi-deux (χ^2)

Le test du χ^2 est un cas particulier de test statistique d'hypothèse créé en 1900 par Pearson. Il permet, partant d'une hypothèse et d'un risque supposé au départ, de rejeter l'hypothèse si la distance entre deux ensembles d'informations est jugée excessive. Il est particulièrement utilisé comme test d'adéquation d'une loi de probabilité. Il permet également de mesurer l'écart qui existe entre les fréquences observées et les fréquences théoriques. Il permet aussi d'établir une liaison entre les caractères qualitatifs. C'est la technique de contrôle de liaison entre deux variables qualitatives. Il comporte deux étapes : l'établissement du tableau de contingence et son analyse statistique.

Formule du $\chi^2 = \sum \frac{(f_o - f_e)^2}{f_e}$ on calcule le degré de liberté (ddl)

ddl = (C-1) (L-1)

Où C= nombre de colonnes et L= nombre de lignes.

Coefficient de contingence

$$C=\sqrt{\frac{X^2_{ca}}{N+X^2_{ca}}}$$

Règle de décision

On lit sur la table du χ^2 la valeur correspondant au degré de liberté *(ddl),* au seuil de signification α (en général 5% pour les sciences sociales) c'est-à-dire avec un risque de 5 chances sur 100 de se tromper. Cette valeur est appelée le khi-deux lu(χ^2_{lu}). Si le (χ^2_{ca}) est supérieur au(χ^2_{lu}), nous pouvons conclure qu'il existe une liaison statistiquement significative entre les deux variables.

Remarque : on calcule le χ^2 avec les effectifs réels observés et non avec les pourcentages.

- Les effectifs influencent directement la valeur du χ^2. En effet, lorsque les effectifs doublent, la valeur du khi-deux double également ;

- un khi-deux non significatif ne signifie surtout pas que les deux variables sont indépendantes ;
- le khi-deux donne la probabilité pour que la distribution observée soit liée au hasard. Il n'indique pas directement la force de la liaison, qui peut se mesurer par le calcul du coefficient de contingence.

3.10. Outil d'analyse des données qualitatives : l'analyse thématique de contenu

L'analyse qui est une démarche abstraite consistant à décomposer les éléments d'un objet en vue de le rendre plus intelligible, est utile pour traiter les données d'un entretien, qu'il soit directif, semi-directif ou non directif. L'analyse de contenu est la méthode appropriée de traitement des données qualitatives. Elle permet également de traiter les questions ouvertes d'un questionnaire, ou les informations recueillies au cours d'une discussion.

Dans le cadre de notre étude, nous avons fait usage de l'analyse de contenu pour traiter les questions ouvertes portant par exemple sur les connaissances générales sur l'environnement, le problème social des personnes sans abri suite aux déguerpissements forcés, les menaces qui pèsent sur la population de Mbankolo par rapport à l'habitat précaire.

D'après Eymard (2003, p.157), le traitement des données est en lien étroit avec la méthode de recherche et l'objectif poursuivi. Le traitement statistique des données s'appuie toujours sur la statistique descriptive et, suivant le type d'enquête, sur l'inférence statistique. Les données recueillies à l'issue de notre enquête ont été analysées grâce aux outils de la statistique descriptive et inférencielle. L'analyse descriptive a pour but de décrire le type d'habitat caractérisé par un type de matériaux de construction. Ceci nous a permis de mettre en exergue la variable précarité que nous décrivons dans notre recherche.

L'inférence statistique, quant à elle, propose de déduire les caractéristiques de la population d'origine à partir d'un échantillon représentatif. Nous avons également pu vérifier nos hypothèses qui établissent un lien entre l'habitat et les problèmes de santé qui en découlent.

CHAPITRE 4

HABITAT ET SANTE DES POPULATIONS A MBANKOLO

Il s'agit dans ce chapitre de présenter les résultats des différentes investigations réalisées au cours de l'étude menée à Mbankolo.

4.1. Caractéristiques sociodémographiques du ménage à Mbankolo

Ce sont des variables qui permettent de repérer les individus au sein de leur société. Ex : le sexe, l'âge, la religion, l'ethnie, l'occupation, le niveau d'instruction, etc.

- Sexe du chef de ménage

Les ménages, dans notre étude, ont à leur tête les individus des deux sexes. Cependant, chaque sexe peut jouer un rôle spécifique qui le distingue de l'autre.

Figure 1: Répartition des chefs de ménage selon le Genre.

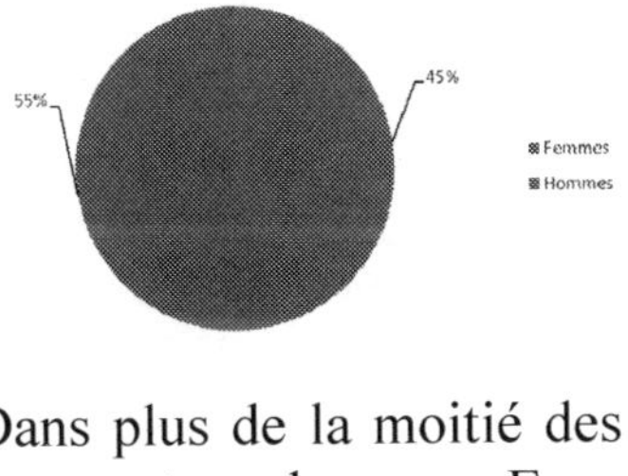

Dans plus de la moitié des ménages enquêtés, le chef de ménage est un homme. En général, les hommes sont plus responsables que les femmes. Cependant, le nombre de femmes responsables n'est pas négligeable (45%). Ce groupe souvent marginalisé joue un rôle familial très important :

hygiène du ménage, éducation des enfants, préparation du repas familial.

- Age du chef de ménage

L'âge est une variable importante dans les études démographiques. L'âge donne une idée de la jeunesse ou de la vieillesse d'une population. On peut fixer l'âge minimal ou maximal comme critère d'éligibilité à une étude, etc.

Figure 2 : Age du chef de ménage.

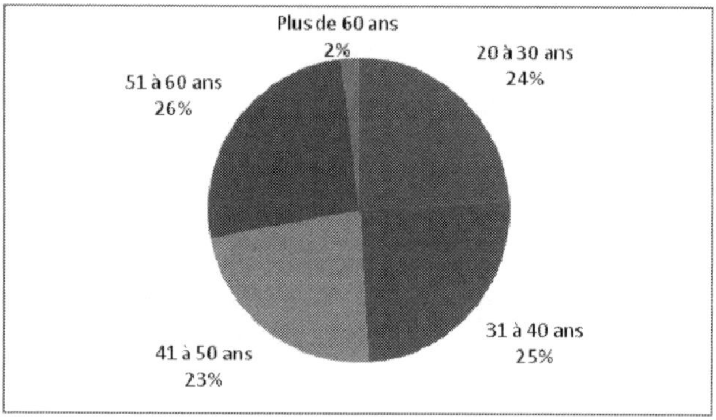

La plupart des chefs de ménage enquêtés ont déjà dépassé l'âge de quarante ans. La responsabilité varie avec l'âge. Plus on tend vers l'âge de la maturité (50 ans), plus on assume des responsabilités familiales. On note un équilibre relatif entre différentes tranches d'âge. Les personnes au-dessus de 60 ans sont un groupe marginal (2%), probablement à la charge de leur famille.

- Niveau d'instruction du chef de ménage

Le niveau d'instruction est un critère déterminant dans la perception des problèmes de l'environnement et de l'habitat.

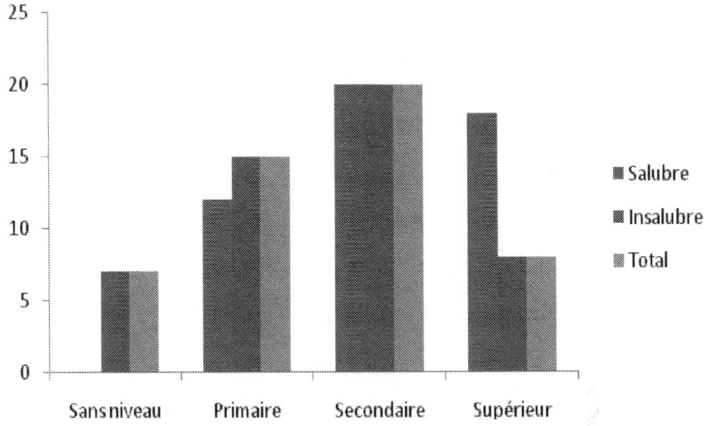

Figure 3 : Niveau d'instruction du chef de ménage.

Dans la plupart des ménages, le chef a le niveau du secondaire. Les chefs de ménage du quartier dit « salubre » semblent plus instruits que ceux du quartier « insalubre ». En effet, 3 chefs de ménage sur 4 (76%) dans le quartier salubre, ont au moins le niveau du secondaire, contre 56% pour ceux qui vivent dans le quartier insalubre. Le test du Khi-deux (p-value=0,038) joue en faveur de cette relation entre le niveau d'instruction du chef de ménage et le type de quartier. La perception des problèmes environnementaux et de l'habitat dépend souvent du niveau d'instruction. Plus le niveau d'instruction est élevé, mieux on comprend les problèmes environnementaux et de l'habitat.

- Profession du chef de ménage

La profession du chef de ménage donne une idée des sources de revenus des ménages enquêtés, les moyens financiers pouvant être mis en jeu pour construire un habitat stable, se soigner en cas de maladie ou satisfaire ses besoins fondamentaux.

Tableau n°2 : Profession du chef de ménage.

Profession	Salubre	Insalubre	Total
Sans emploi	6	7	13
Ménagère	6	9	15
Élève/étudiant	6	4	10
Commerçant	7	13	20
Fonctionnaire	16	4	20
Travailleur du secteur privé	9	10	19
Total	**50**	**47**	**97**

La plupart des chefs de ménage enquêtés sont des commerçants, des fonctionnaires ou des employés du secteur privé. Les fonctionnaires habitent plus le quartier salubre, tandis que les commerçants habitent plus le quartier insalubre. L'activité économique (petit commerce) est spécifique des populations de ce dernier. C'est une activité de subsistance. Le quartier riche est peuplé de fonctionnaires et de hauts cadres de l'administration, qui représentent la classe sociale privilégiée, celle qui possède les moyens matériels suffisants pour occuper un habitat décent et se prendre en charge en cas de problème de santé.

- Caractéristiques du ménage

La taille du ménage est le nombre de personnes qui vivent dans un ménage. Elle détermine la promiscuité définie comme un voisinage gênant pour l'intimité des personnes vivant dans un espace restreint.

Figure 4 : Caractéristiques du ménage.

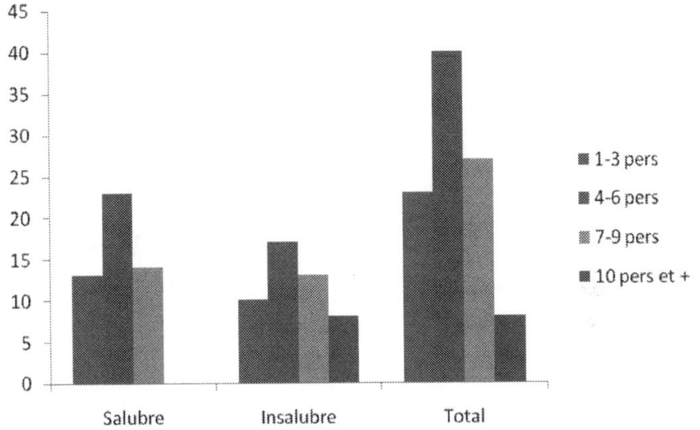

La plupart des ménages enquêtés comptent en leur sein entre 4 et 6 membres. Les ménages situés en milieu insalubre ont tendance à avoir plus de membres que ceux qui habitent le milieu salubre. Les ménages riches ont un nombre de personnes équilibré dans leur habitat. Les ménages pauvres connaissent la promiscuité dans les locaux exigus (10 personnes et plus) et généralement malsains, prédisposant aux maladies respiratoires (grippe, asthme, tuberculose, etc.).

Tableau n°3 : Statut des ménages dans leur lieu d'habitation

	Salubre	**Insalubre**	**Total**
Possession d'un titre foncier			
Oui	33	10	43
Non	17	40	57

Etes-vous locataire ?			
Oui	23	19	42
Non	27	31	58

La plupart des ménages enquêtés ne sont pas propriétaires de leur lieu d'habitation, raison pour laquelle ils ne possèdent pas un titre foncier. Les ménages vivant dans un milieu insalubre sont pour la plupart dans leur propriété, mais très peu possèdent un titre foncier. Par contre, dans le milieu salubre, la plupart des habitations ont des titres fonciers. Le titre de propriété renforce la responsabilité et la sécurité. Les propriétaires titulaires d'un titre foncier ne redoutent pas les déguerpissements fréquents dans les quartiers pauvres.

- Statut des ménages dans leur lieu d'habitation

Les chefs de ménage sont locataires ou propriétaires de leur habitation. Ils possèdent ou non un titre foncier qui leur confère le droit de propriété.

4.2. Les facteurs structurant la santé à Mbankolo

- Caractéristiques de l'habitat

Les caractéristiques de l'habitat déterminent le type de matériaux utilisés pour la construction des maisons.

Tableau n°4 : Caractéristiques de l'habitat

Type d'habitat	Salubre	Insalubre
Maison en dur	50	32
Maison en bois non traité		6
Vieilles tôles, carton		

Terre battue, bloc de terre		12
Nature du mur		
Ciment	50	33
Carreau		
Terre		7
Nature du sol		
Ciment	23	31
Carreau	27	6
Terre		8

De manière générale, les habitations observées sont construites en « dur » avec du ciment. Les maisons en milieu salubre sont faites en matériaux de meilleure qualité, tandis que celles en milieu insalubre sont en matériaux moins performants. Pour améliorer leur logement, les ménages du milieu insalubre préconisent l'aménagement d'espaces appropriés et des réfections. Les ménages pauvres souhaitent améliorer leur logement par la construction des murs de soutènement, plafond et peinture murale.

- Sources d'approvisionnement en eau

L'eau joue un rôle de premier plan dans la santé publique. Elle est indispensable à la vie. Cependant, une eau polluée peut être un important facteur de propagation de certaines maladies. Dans notre étude, les sources d'approvisionnement en eau sont variées.

Tableau n° 5 : Sources d'approvisionnement en eau

Sources d'approvisionnement en eau	**Salubre**	**Insalubre**	**Total**
Robinet intérieur	29	5	34
Borne-fontaine	10	23	33
Puits et sources aménagés	11	13	24
TOTAL	50	41	91

Les ménages en milieu salubre ont un meilleur accès à l'eau par rapport aux ménages vivant en milieu insalubre. Les ménages en milieu salubre s'approvisionnent à un robinet installé dans leur domicile, alors que les ménages en milieu insalubre s'orientent vers une borne-fontaine, les puits et sources aménagés. Ainsi, les problèmes d'accès à l'eau sont plus présents dans les quartiers insalubres du fait du manque d'infrastructures.

- Mode d'évacuation des ordures

Au quartier Mbankolo, on note plusieurs méthodes d'évacuation des ordures ménagères.

Tableau n° 6 : Mode d'évacuation des ordures

Mode d'évacuation des ordures	**Salubre**	**Insalubre**
Dans la nature		8
Bacs à ordures	50	21
Rivière		6
Fosses		3
TOTAL	**50**	**38**

En milieu salubre, les ordures sont évacuées vers les bacs à ordures. Par contre, dans le quartier insalubre, les populations ont tendance à jeter les ordures dans la nature, dans la rivière ou dans les fosses. Ces différents modes d'évacuation des ordures ménagères favorisent l'insalubrité du cadre de vie. Il en résulte de nombreuses maladies dues au manque d'hygiène du milieu.

- Avis des populations sur l'importance de l'utilisation des endroits réservés aux ordures

La mauvaise gestion des ordures ménagères est un important facteur d'insalubrité et de pollution environnementale.

Tableau n°7: Avis sur l'importance de l'utilisation des endroits réservés aux ordures.

	Salubre	**Insalubre**	**Total**
Exposition à la maladie	18	12	30
Protection de l'environnement	37	15	52
Ne sais pas		3	3

Les raisons pour lesquelles l'on utilise des endroits réservés aux ordures sont d'ordre sanitaire et environnemental. Elles concernent la protection de l'environnement et la lutte contre les maladies. En milieu insalubre, les gens portent moins d'intérêt à l'évacuation des ordures.

- Types de lieux d'aisances utilisés

Ce sont les lieux où sont déposés les excrétas d'origine humaine. Le mode d'évacuation des excrétas a une influence sur l'hygiène et la salubrité environnementales.

Tableau n°8 : Types de lieux d'aisances utilisés.

	Salubre	**Insalubre**	**Total**
Toilettes intérieures	33	3	36
Latrines individuelles	17	16	33
Latrines communes		19	19
Dans la nature		1	1
TOTAL	**50**	**39**	**89**

Les ménages vivants en milieu salubre se mettent à l'aise dans des toilettes internes ou des latrines individuelles, contrairement à ceux qui résident en milieu insalubre où les latrines communes semblent plus fréquentes, et dans une moindre mesure dans la nature. La pollution de l'environnement et les maladies du péril fécal, sont liées à ce manque d'hygiène et aux mesures inappropriées d'évacuation des excrétas.

- Nature de l'éclairage

L'éclairage se définit comme la diffusion de la lumière. Dans notre étude, c'est un ensemble de dispositifs et d'appareils dispensant de la lumière dans l'habitat. L'éclairage est un élément indispensable au confort dans un logement.

Tableau n°9 : Nature de l'éclairage.

	Salubre	Insalubre
Electricité	36	31
Groupe électrogène		
Lampe-tempête		5
Bougie	14	2

La plupart des ménages utilisent l'électricité comme principale source d'éclairage. L'éclairage à la bougie de façon régulière ou lors des coupures de courant, est un facteur de risque d'incendies dans les logements.

- Avis sur les menaces qui pèsent sur les populations par rapport à l'habitat précaire

Une menace est un risque sérieux, une éventualité alarmante. Un habitat précaire présente des menaces qui pèsent sur les populations.

Tableau n°10 : Avis sur les menaces qui pèsent sur les populations par rapport à l'habitat précaire

	Salubre	Insalubre	Total
Aucun effet	2	12	14
Nuisible à la santé	6	20	26
Catastrophes naturelles	11	6	17

Les principaux problèmes relevés par rapport à l'habitat précaire sont liés aux nuisances, à la santé et aux catastrophes naturelles. La perception que les ménages ont de l'influence de l'habitat précaire est liée à leur milieu de résidence (p-value=0,026). Ainsi, les ménages en milieu insalubre évoquent plus les nuisances pour la santé. Une partie des personnes en ignore les risques éventuels, alors que les habitants du milieu salubre évoquent les risques de catastrophes naturelles qui ne les menacent pas eux-mêmes.

- Problèmes vécus par les populations de Mbankolo par rapport aux constructions en zones interdites

Les terrains réservés de l'État et certaines zones ont été considérés comme interdits à la construction. Le non-respect de ces mesures pose problème au plan sanitaire, environnemental et social.

Tableau n° 11 : Problèmes vécus par les populations de Yaoundé par rapport aux constructions en zones interdites

Problèmes	Salubre	Insalubre	Total
Déguerpissements, démêlés avec la justice	13	19	32
Catastrophes, inondations, glissements de terrain	7	36	43
Maladies	9	7	16
Manque d'infrastructures, inaccessibilité	8	13	21

Le fait de construire en zones interdites a pour inconvénients : les catastrophes naturelles (43%), les déguerpissements, les inondations (32%), le manque d'infrastructures, l'inaccessibilité (21%) et les maladies (16%). Les ménages des milieux insalubres sont plus concernés par ces problèmes (p-value=0,015).

- Maladies dues à l'habitat précaire

On a pu identifier plusieurs maladies qui sont dues à l'habitat précaire.

Tableau n°12 : Maladies dues à l'habitat précaire

Maladies	**Salubre**	**Insalubre**	**Total**
Paludisme	13	22	35
Toux		3	3
Typhoïde	3	7	10
Amibiase	2	6	8
Infection cutanée	11	5	11
Grippe	3	3	6
Choléra	5	16	21
Asthme	2		2
Affection respiratoire	2		2
Diarrhée	3		3

Les ménages en milieu insalubre (76%) connaissent plus de cas de maladies liées à l'habitat précaire que ceux du milieu salubre. De manière générale, les maladies les plus rencontrées sont le paludisme, le choléra, l'infection cutanée, la typhoïde, l'amibiase. A l'exception de l'infection cutanée, les maladies relevées touchent beaucoup plus les ménages vivant en zone insalubre.

Les ménages en milieu salubre connaissent d'autres problèmes de santé tels que l'obésité liée à la sédentarité et le manque d'activité physique, l'hypertension artérielle, le diabète, le rhumatisme articulaire aigu. Ces problèmes de santé ne sont pas directement liés à l'habitat, mais nous les avons tout de même retenus comme des besoins de santé exprimés par les populations, car il est important d'en tenir compte dans une stratégie de résolution des problèmes de santé communautaire dans ce quartier.

4.3. Évaluation des connaissances des populations sur la problématique habitat et santé

- L'habitat

A la question : « Pouvez-vous définir l'habitat ? », les participants, pour la plupart, ont répondu que l'habitat désignait une maison, un endroit où l'on vit, une construction qui abrite des personnes. En fait, il appert que le concept « habitat » est bien connu.

- Les matériaux de construction

A la question : « Quels sont les matériaux utilisés pour la construction de vos maisons d'habitation ? », la plupart des participants ont répondu de la manière suivante : « nous construisons en général avec les blocs de terre fabriqués sur place. Ce matériau est moins cher. Les fondations sont souvent faites en pierre que nous trouvons également sur place. La toiture est faite de vieilles tôles achetées à la « casse ». Le sable utilisé appelé « tout venant », est ramassé dans la petite rivière du quartier. Le ciment est acheté à la quincaillerie du quartier. Tout ceci concourt à bâtir un habitat à un coût relativement bas pour les couches sociales aux revenus modestes.

Le respect des normes architecturales

A la question : «Saviez-vous qu'il y a des textes juridiques qui régissent l'urbanisation au Cameroun, et qui réglementent l'habitat, les conditions de sécurité, l'hygiène et assainissement dans les bâtiments ? », la plupart des participants ont répondu tel qu'il suit : « Nous le savions, mais nous ne pouvons pas les respecter à cause du manque de moyens financiers. Une construction plus solide coûte plus cher ».

- Le type de site

A la question : « Pourquoi construisez-vous sur des terrains accidentés ou dans des bas-fonds qui vous exposent aux risques tels que les glissements de terrain, les inondations, les éboulements, le torrent, etc. ? », la plupart des participants ont répondu ainsi qu'il suit : « Nous sommes conscients des risques, mais nous n'avons pas de choix. C'est Dieu qui nous garde. Où voulez-vous que nous allions avec nos familles ? C'est une question vitale. Nous n'avons pas assez d'argent pour acheter des lots en terrain plus sûr. Ici, un mètre carré de terrain est vendu à 2500 FCFA, contre 20 000 FCFA et plus en terrains lotis ».

- Maladies rencontrées dans le quartier

A la question : « Pouvez-vous citer quelques maladies rencontrées dans ce quartier ? A quoi sont-elles dues selon vous ? », la plupart des participants ont répondu de la manière suivante : « Le paludisme, la diarrhée, la fièvre typhoïde, les vers intestinaux, la galle, la grippe, la toux. Elles sont dues aux moustiques, au froid, à l'humidité, à l'eau de boisson, aux bruits, aux excrétas déposés dans la nature ».

- Influence de l'habitat sur la santé des populations

A la question : « L'habitat précaire et insalubre a-t-il une influence sur votre santé ? », la plupart des participants ont répondu : « Oui. On peut tomber malade par manque d'hygiène, le froid, l'humidité, la pauvreté. Nous n'avons pas d'argent pour acheter des médicaments ». A l'évidence, la pauvreté et le manque d'hygiène ont un impact sanitaire.

- Les mesures et solutions déjà mises en place

A la question : « Quelles sont les mesures déjà prises par les pouvoirs publics en vue de résoudre les problèmes de l'habitat et du cadre de vie dans ce quartier ? », la plupart des participants ont répondu ainsi : « Rien d'avantageux pour nous n'est fait jusqu'à ce jour. Au contraire, nous sommes victimes des agents de la CUY qui nous menacent. Au carrefour, nos marchandises sont souvent saisies. Nous vivons avec la crainte d'un déguerpissement forcé. Les agents les plus véreux nous soutirent de l'argent pour prolonger les délais de déguerpissement. En 2007, une action plus sérieuse a contraint les personnes dont les maisons avaient été marquées d'une croix rouge, de les démolir elles-mêmes, avant l'arrivée des engins, afin de pouvoir récupérer les tôles et le bois (comme clémence exceptionnelle). Certaines personnes ont démonté la toiture de leurs maisons en laissant les murs intacts. Dès que la menace s'est estompée, elles se sont réinstallées au même endroit ». Autre chose : « nous n'avons ni route, ni eau potable, ni centre de soins médicaux ».

A 15 h 45, nous avons mis fin au débat en remerciant tous les participants qui manifestaient de plus en plus d'intérêt pour cette discussion. Une collation a été distribuée. Nous avons rapporté de façon synthétique les propos recueillis au cours de cette rencontre, en respectant le style des participants.

Au terme de cette discussion, notre analyse nous permet de ressortir ce qui suit :

- les populations du bloc n°8 sont conscientes de la précarité de leur habitat, mais se résignent à l'occuper malgré les menaces qui pèsent sur elles, car ne pouvant se construire des habitats plus décents en terrains lotis ;
- la pauvreté est une plainte récurrente ;
- les actions de la CUY sont négativement perçues ;
- les problèmes de l'insalubrité de l'habitat et du cadre de vie sont bien appréhendés, mais tous accusent l'inertie des pouvoirs publics et la pauvreté collective du bas peuple qui vit dans l'angoisse, résultant de l'insécurité de l'habitat et du cadre de vie.

CHAPITRE 5

ANALYSE ET DISCUSSION DES RESULTATS DE L'ENQUETE SUR L'HABITAT ET LA SANTE DES POPULATIONS AU CAMEROUN

Il est question dans ce chapitre de ressortir les liens entre le problème étudié et les hypothèses formulées au départ, au vu des résultats des investigations. Il s'agit d'interpréter, c'est-à-dire faire le rapport entre l'analyse des données, la problématique et le champ d'investigation. L'interprétation énonce les conséquences théoriques. En discussion, nous allons apporter des précisions et des spécificités scientifiques sur les résultats de l'étude. Bref, il s'agit ici de clarifier les différents aspects de cette recherche.

5.1 Analyse et interprétation scientifique des variables sociodémographiques des ménages dans l'étude

- Sexe du chef de ménage

Notre enquête nous révèle que 55% des chefs de ménage sont de sexe masculin et 45% de sexe féminin. On peut penser que les hommes sont plus nombreux comme responsables des ménages que les femmes. Cependant, le pourcentage des femmes responsables n'est pas négligeable, preuve que les femmes peuvent aussi avoir leurs propres logements ou gérer un ménage. De plus, les femmes sont souvent plus impliquées que les hommes dans l'éducation des enfants, l'hygiène du logement, les travaux de ménage, la préparation du repas. Une sensibilisation dans les changements d'attitude devrait tenir compte des femmes par l'importance du rôle qu'elles jouent.

- Age du chef de ménage

Les ménages dont l'âge des chefs est situé entre 50 et 60 ans sont représentés à 26% dans notre étude. Les chefs de ménage sont des hommes ou des femmes relativement matures, qui ont de l'expérience et des moyens matériels. Les jeunes de 20 à 30 ans représentent 24%. Ce pourcentage important montre que les jeunes sont de plus en plus des responsables de ménages. Ils sont pour la plupart des travailleurs du secteur informel. Leur volonté d'avoir leur propre logement est une marque de dynamisme qu'il faut reconnaître et même encourager. Le problème se pose dans le type d'habitat qu'ils construisent et qu'ils occupent. C'est un habitat généralement précaire et insalubre, pour des raisons de paupérisation ci-dessus évoquées.

- Niveau d'instruction du chef de ménage

- La majorité des chefs de ménage ont le niveau du secondaire ;
- Les chefs de ménage du quartier dit salubre sont plus instruits que ceux du quartier populaire insalubre.

Dans le quartier salubre, 76% les chefs de ménage ont au moins le niveau des études secondaires, contre 56% dans le quartier insalubre. On peut penser à juste titre que la compréhension des problèmes environnementaux, de l'hygiène, de l'habitat, de l'urbanisme, etc., dépend du niveau d'instruction. Plus les chefs de ménage sont instruits, mieux ils prennent conscience des enjeux sanitaires en rapport avec l'habitat et l'environnement.

- Profession du chef de ménage

Les fonctionnaires habitent majoritairement le quartier salubre. Les commerçants et travailleurs du secteur privé occupent le quartier insalubre. On peut dire que le niveau de vie dépend du métier qu'on exerce. Certains commerçants ont des revenus substantiels. Mais une forte tranche de la population exerce le petit commerce qui permet tout juste d'avoir des moyens de subsistance. Dans le quartier insalubre, se prendre en charge en cas de maladie est une gageure. Les itinéraires thérapeutiques sont variés (''tradi-praticiens'', groupe de prière, hôpital, centre de santé privé, automédication, naturopathe...). Souvent, le manque de moyens financiers détermine l'orientation et l'attitude en cas de problème de santé. A l'hôpital, les soins de santé coûtent cher et restent hors de portée des populations pauvres, ce qui favorise l'automédication. On se "soigne" avec des médicaments de la rue moins chers, mais qui comportent des risques sanitaires évidents.

- Caractéristiques du ménage

- La taille du ménage qu'on peut définir comme le nombre de personnes qui constituent un ménage, est un important facteur. De nombreux problèmes sanitaires résultent de l'occupation de l'espace de l'habitat. Dans notre étude, il est fréquent de rencontrer les ménages de plus de 6 membres qui occupent une ou deux chambres à coucher. Les matelas sont installés à même le sol en guise de couchette, dans le séjour ou à la cuisine pendant la nuit. La promiscuité est un important facteur favorisant la transmission des affections broncho-pulmonaires, la grippe, les allergies cutanées, etc. ;

- un habitat décent ou salubre est suffisamment spacieux propre et agréable. Le mobilier est bien rangé. Ses occupants peuvent s'y déplacer aisément. Notre enquête dans les ménages du quartier pauvre a révélé que les ménages de plus de 8 personnes étaient ceux qui avaient le plus les problèmes de santé ci-dessus énumérés. Une étude similaire menée en 2007 à Kamalondo en RDC par Banza Katshekewa, a établi que 75% des habitants sont inconscients de la promiscuité vécue ;

- l'aération intérieure de l'habitat favorise la circulation de l'air. La température interne est modérée. Par contre, un habitat enfermé où règnent la chaleur et l'humidité prédispose ses occupants aux maladies et à l'inconfort ;

- l'éclairage est un facteur important. De plus, le type d'éclairage renforce ou non les conditions sécuritaires des personnes dans une habitation. Dans le quartier dit salubre, l'électricité est installée par tous les ménages enquêtés. Certains ont une climatisation interne, ce qui rend la température douce en période de canicule. Les dangers liés à l'utilisation des bougies (incendies) et autres sources d'énergie, se trouvent écartés.

- Caractéristiques de l'habitat

Les habitations en milieu salubre dans notre étude sont généralement construites en matériaux définitifs (béton, fer, ciment, carreaux, etc.) plus performants, esthétiques, et sécurisants. Cependant, la qualité coûte plus cher. Soulignons toutefois que comme dit l'adage « tout ce qui brille n'est pas or ». Certains bâtiments en « dur » apparemment faits en matériaux définitifs se sont révélés fragiles. A Elig-Essono, on a vu deux immeubles fraichement bâtis s'effondrer. Lorsque la qualité du matériau utilisé est douteuse, l'habitat peut représenter un danger. Shaw, en 2004, a démontré qu'un habitat non convenable pouvait avoir des effets directs et indirects sur la santé physique et mentale de ses occupants. Il s'agit donc de veiller à la qualité du matériau utilisé tout autant qu'à la technique architecturale adéquate. Un système de contrôle de qualité et de respect des normes architecturales est de la plus haute importance, et doit être systématisé.

Dans le bloc insalubre, les maisons en blocs de terre semblent majoritaires. Le bloc de terre est un matériau peu coûteux, facile à avoir, mais de qualité approximative. Pour être sécurisée, une maison en blocs de terre doit avoir une fondation bien faite en « dur », tenant compte du type de terrain qui détermine la profondeur des fondations, etc. Le bloc de terre peut être stabilisé, mais cela exige un traitement particulier qui accroît le prix de revient.

Le boc de terre est très fragile lorsqu'il est humidifié. Il n'est pas rare de voir un mur de bloc de terre s'effondrer, mettant en péril la vie des occupants de ces logements. La promotion du matériau provisoire doit tenir compte de la qualité et du coût du matériau stabilisé, qui doit être à la portée des populations les plus pauvres.

- Statut des ménages dans leur habitation

Les locataires sont plus nombreux que les propriétaires. En milieu salubre, l'habitat est décent et luxueux, fait de villas et d'immeubles. Les ménages du bloc insalubre sont propriétaires pour la plupart. Cependant, il faut souligner le caractère anarchique et spontané de ces logements qui ne respectent aucune réglementation urbanistique ou architecturale en vigueur. Pas de titre foncier. Le fait d'être propriétaire de son logement peut être important dans la prise en compte de l'hygiène environnementale. Les propriétaires sont plus conscients et respectent mieux l'hygiène du milieu. Les locataires semblent négligents. Ils ne considèrent pas leur logement comme un bien dont ils jouissent, puisque le bailleur en est le principal bénéficiaire.

Posséder sa propre maison libère les personnes obligées de loger plusieurs membres de leurs familles.

5.2 Analyse et interprétation des variables structurelles de l'étude

- Mode d'évacuation des ordures

En milieu salubre, les ordures sont évacuées vers les bacs à ordures. Par contre, en milieu insalubre, les populations ont tendance à les jeter n'importe où. Il reste bien établi que la mise en place d'endroits réservés aux ordures répond au souci de préserver l'environnement des facteurs de nuisance ou de pollution. L'insalubrité est le principal facteur de propagation des maladies. Pasteur (1822-1895) a mis en évidence le rôle des germes dans la propagation des maladies infectieuses.

- Types de lieux d'aisances utilisés

En milieu salubre, les ménages se mettent à l'aise dans les toilettes internes ou des latrines individuelles. Par contre, en milieu insalubre, les latrines sont souvent communes, marquées par un manque d'hygiène. D'après Banza (2007), 70% de la population enquêtée à Kamalondo en RDC, utilisent leurs latrines comme douches. Les vecteurs de maladies (mouches, cafards, souris) y prolifèrent. Certains utilisent la rivière pour se soulager, ce qui est une importante source de pollution et de transmission de maladies oro-fécales.

- Nature de l'éclairage

L'électricité est la principale source d'éclairage. Les bougies et les lampes-tempête sont utilisées en cas de coupure de courant. Relevons toutefois que certains ménages du quartier insalubre n'ont pas d'électricité. La bougie ou la lampe-tempête expose au risque d'incendie.

Avis sur les menaces qui pèsent sur les populations par rapport à l'habitat précaire

De nos discussions en groupe focal, il ressort que les nuisances à la santé et les catastrophes naturelles sont les principales menaces qui pèsent sur ces populations. Dans le milieu insalubre, plusieurs personnes ignorent les menaces et les nuisances pour la santé. En milieu salubre, les catastrophes naturelles sont évoquées (éboulements, glissements de terrain, inondations, effondrements d'immeubles...) bien que ceci ne semble pas les concerner directement, compte tenu de la qualité de leur habitat. A ce sujet, une sensibilisation de toutes les parties prenantes s'impose (autorités gouvernementales, population, municipalité...).

- Problème de construction dans les zones interdites

Le fait de construire dans les zones interdites a pour inconvénients :

- les catastrophes naturelles 43%, les déguerpissements 32% ;

- le manque d'infrastructure et l'inaccessibilité 21%, les maladies 16%. Les populations du milieu insalubre sont plus concernées (P-value = 0,015).

En milieu urbain, les constructions anarchiques et précaires dans les zones interdites sont le principal problème des populations pauvres.

- Maladies dues à l'habitat précaire

Les maladies les plus récurrentes en milieu insalubre sont :

Le paludisme, la toux, la typhoïde, l'amibiase, les infections cutanées, la grippe, le choléra, l'asthme, l'affection respiratoire, la diarrhée...

Les populations en milieu salubre connaissent d'autres pathologies telles que le diabète, l'hypertension artérielle, le rhumatisme articulaire aigue et l'obésité.

On peut conclure que les maladies dues à l'insalubrité du cadre de vie ou de l'habitat frappent plus les populations en milieu insalubre. Les populations du milieu riche connaissent les maladies dues à l'hygiène de vie, la sédentarité et une alimentation inappropriée (obésité) et quelques maladies métaboliques (diabète). Une action de santé publique, après un diagnostic communautaire, une priorisation des problèmes et mise en œuvre des stratégies de résolution des problèmes sanitaires, pourraient être bénéfiques aux populations de Mbankolo.

Notre hypothèse générale stipule que l'habitat a un impact sur la santé des populations du Cameroun. Pour vérifier cette hypothèse générale, nous allons vérifier les hypothèses de recherche secondaires (HR).

La vérification des résultats de l'étude quantitative vont faire appel au test du khi-deux (χ^2) que nous allons ainsi utiliser. Le χ^2 mesure la relation de contingence. En d'autres termes, il permet d'apprécier le degré de corrélation, de dépendance entre la variable dépendante et la variable indépendante.

Dans le cadre de cette étude, notre processus de vérification se fera pour chacune de nos hypothèses de recherche en quatre (4) phases ou étapes :

- la première étape consistera essentiellement à la formulation de l'hypothèse alternative (Ha) et de l'hypothèse nulle (Ho) ;
- la deuxième étape sera celle de la présentation des tableaux de contingence entre les variables de nos hypothèses de recherche. Pour chacune d'elles, cette étape nous donnera un tableau croisé dynamique ;

- la troisième étape, quant à elle, sera celle de la présentation des résultats des différents calculs effectués pour aboutir au test statistique khi-deux (χ^2). En effet, à l'aide des données brutes des tableaux précédemment présentés, nous allons croiser les indices de chacune de nos variables indépendantes avec ceux des variables dites critères ou variables de contrôle. Les données obtenues desdits croisements nous permettront de détailler davantage et de mieux justifier les résultats issus de la vérification de nos hypothèses de recherche. Nous donnerons alors les χ^2 calculés et lus sur la table. Cette deuxième étape sera celle du choix de $\alpha=0{,}05$ ici utilisé comme seuil de signification, du calcul des différents indicateurs nous ayant permis d'obtenir la valeur du χ^2. A ces résultats, nous associerons ceux des calculs du coefficient R de Pearson.

Pour ce faire, les formules de calcul ci-après nous ont alors permis, grâce à la programmation de l'outil informatique, d'obtenir les résultats escomptés au terme de chaque processus analytique.

Formule de calcul du khi-deux (χ^2).

$$\chi^2 = \sum\left(\frac{E_o - E_t}{E_t}\right)^2$$ avec E_o= effectif observé

E_t= effectif théorique

Il importe de signaler que pour les tests paramétriques à l'instar de celui du khi-carré (χ^2), aucune case du tableau de contingence ne doit avoir un effectif théorique inférieur à 5. Car, en effet, chaque fois qu'une case du tableau de contingence a un effectif théorique inférieur à 5, il faut, pour obtenir des résultats fiables, procéder à la correction des khi-deux (χ^2) avec la formule de Yates qui est la suivante :

$$\chi^2 = \sum\left(\frac{E_o - E_t - 05}{E_t}\right)^2$$ avec E_o= effectif observé

E_t= effectif théorique

C'est ce que nous avons fait chaque fois que cela s'est avéré nécessaire.

- La quatrième et dernière étape de notre processus analytique consistait donc en la décision. Pour cela, nous nous sommes donné pour règle de décision :

- Si χ^2cal < χ^2 lu, alors Ha est rejetée et Ho est retenue. Ceci suppose que les variables (dépendante et indépendante) de notre hypothèse ont un lien significatif.

- Vérification de la première hypothèse de recherche HR1

1) Formulation de l'hypothèse alternative (H_1a) et de l'hypothèse nulle ($H_1$0)

H_1a : La qualité des matériaux utilisés pour la construction de l'habitat a un impact sur la santé des populations de Mbankolo.

$H_1$0 : La qualité des matériaux utilisés pour la construction de l'habitat n'a pas un impact sur la santé des populations de Mbankolo.

2) Présentation des tableaux de contingence entre variable et hypothèse de recherche.

Qualité des matériaux de construction et santé des populations

Tableau n° 13 : Fréquences observées (HR_1)

M_1 VI / MVD	**Matériaux de bonne qualité**	**Matériaux de construction précaire**	**Total**
Bonne santé	29	08	37

Santé précaire Mauvaise santé	21	30	51
TOTAL	**50**	**38**	**88**

Tableau n° 14 : Fréquences théoriques (HR_1).

M_1 VI / MVD	**Matériaux de construction de bonne qualité**	**Matériaux de construction de mauvaise qualité**	**TOTAL**
Bonne santé	21,03	15,97	37
Santé précaire Mauvaise santé	28,97	22,03	51
TOTAL	**50**	**38**	**88**

3) Calcul du khi-carré

$\chi^2 = \sum\left(\frac{0-5}{E}\right)^2$ E= effectif théorique

O= effectif lu

Σ= somme

Tableau n°15 : Calcul du khi-carré corrigé 1 $\chi^2 = \frac{(|O-E|-0,5)^2}{E}$

0	E	$\chi^2 = \frac{(\lvert O - E\rvert - 0,5)^2}{E}$
29	21,03	2,65
08	15,97	3,49
21	28,97	1,92
30	22,03	2,53
88	88	χ^2= 10,59

χ^2_{cal}= 10,59

ddl= (2-1)(2-1)=1

α= 0,05 χ^2_{lu} = 3,84

$\chi^2_{cal} > \chi^2_{lu}$ H_1o est rejetée et H_1a est retenue

$\chi^2_{cal} > \chi^2_{lu}$, H_0 est rejetée et H_1 est retenue

4) Conclusion : l'hypothèse de recherche 1 (HR_1) est confirmée. Nous pouvons donc affirmer que la qualité des matériaux de construction a un impact sur la santé des populations.

- Vérification de la deuxième hypothèse de recherche HR_2

Nous allons à présent vérifier la deuxième hypothèse de recherche formulée comme suit : HR_2 : Le respect des normes architecturales a un impact sur la santé des populations de Mbankolo.

1) Formulation de l'hypothèse alternative H_2a et de l'hypothèse nulle H_20

H_2a : Le respect des normes architecturales a un impact sur la santé des populations de Mbankolo.

H_20 : Le respect des normes architecturales n'a pas un impact sur la santé des populations de Mbankolo.

2) Présentation des tableaux des fréquences observées

Tableau n° 16 : Fréquences observées.

M_1 VI / MVD	**Respect des normes architecturales**	**Non-respect des normes architecturales**	**To tal**
Bonne santé	28	29	57
Santé précaire	13	21	34
TOT AL	**41**	**50**	**91**

Tableau n° 17 : Fréquences théoriques (HR2).

M_1 VI / MVD	**Respect des normes architecturales**	**Non-respect des normes architecturales**	**TOT AL**
Bonn e santé	25,68	31,32	57

Santé précaire	15,32	18,68	34
TOTAL	41	50	91

3) Calcul des khi-carrés corrigés.

$\chi^2 = \sum\left(\frac{0-E}{E}\right)^2$ E= effectif théorique

O= effectif lu

Σ= somme

Tableau n°18 : Calcul du Khi-carré corrigé 2 $\chi^2 = \frac{(|O-E|-0,5)^2}{E}$

0	E	$\chi^2 = \frac{(\lvert O-E\rvert-0,5)^2}{E}$
28	25,68	0,13
29	31,32	0,11
13	15,32	0,22
21	18,68	0,18
91	91	χ^2=0,64

$\chi^2_{cal} = 0,64$

ddl= (2-1)(2-1)=1

α= 0,05

$\chi^2_{lu} = 3,84$

$\chi^2_{cal} < \chi^2_{lu}$

H_20 est acceptée et H_2a est rejetée.

4) Conclusion : l'hypothèse de recherche 2 (HR2) est infirmée. Nous pouvons dès lors conclure que le respect des normes architecturales n'a pas d'impact sur la santé des populations de Mbankolo.

- Vérification de la troisième hypothèse de recherche HR_3

Nous allons à présent vérifier la troisième hypothèse de recherche formulée comme suit : HR_3 : Le type de site sur lequel est bâti l'habitat a un impact sur la santé des populations de Mbankolo.

1) Formulation de l'hypothèse alternative H_3a et de l'hypothèse nulle H_30

H_3a : Le type de site sur lequel est bâti l'habitat a un impact sur la santé des populations de Mbankolo.

H_3o : Le type de site sur lequel est bâti l'habitat n'a pas un impact sur la santé des populations de Mbankolo.

2) **Tableau des fréquences observées**

Tableau n° 19 : Fréquences observées (HR_3)

M_1VI \ MVD	**Site approprié**	**Site non approprié**	**Total**
Bonne santé	29,22	22,78	52
Santé précaire	20,78	16,22	37
TOTAL	50	39	89

Type de site et santé des populations.

Tableau n° 20 : Fréquences thématiques

M_1VI \ MVD	**Site approprié**	**Site non approprié**	**Total**
Bonne santé	33	19	52
Santé précaire	17	20	37
Total	**50**	**39**	**89**

3) Calcul des khi-carrés.

$$\chi^2 = \sum\left(\frac{0 - E}{E}\right)^2$$

E= effectif théorique

O= effectif lu

Σ= somme

Tableau n°21 : Calcul du khi-carré corrigé 3 $\chi^2 = \frac{(|O-E|-0,5)^2}{E}$

0	E	$\chi^2 = \frac{(\lvert O-E\rvert-0,5)^2}{E}$
33	29,22	1,37
19	22,78	1,88
17	20,78	1,07
20	16,22	0,33
89	89	χ^2=4,65

$\chi^2_{cal} = 4,65$

ddl= (2-1)(2-1)= 1

α= 0,05

$\chi^2_{lu} = 3,84$

$\chi^2_{cal} > \chi^2_{lu}$

H_3o est rejetée et H_3a est retenue.

4) Conclusion : l'hypothèse de recherche (HR_3) est confirmée. Nous pouvons donc affirmer que le type de site sur lequel est bâti l'habitat a un impact sur la santé des populations de Mbankolo.

Tableau n°22 : Récapitulation de la vérification des hypothèses de recherche

Hypothèses	χ^2_{cal} <	χ^2_{lu}	ddl	α	Décision
HR_1	10,59	3,84	1	0,05	$\chi^2_{cal} > \chi^2_{lu}$ HR_1 est confirmée
HR_2	0,64	3,84	1	0,05	$\chi^2_{cal} < \chi^2_{lu}$ HR_2 est infirmée
HR_3	4,65	3,84	1	0,05	$\chi^2_{cal} > \chi^2_{lu}$ HR_3 est confirmée

De la lecture de ce tableau, il ressort qu'il existe statistiquement un lien entre l'habitat et la santé des populations. C'est pourquoi nous pouvons conclure que l'habitat a un impact sur la santé des populations. Cette conclusion nous amène à confirmer notre hypothèse générale élaborée comme suit : l'habitat a un impact sur la santé des populations au Cameroun.

5.3. Examen des données qualitatives de l'étude

Un habitat fait en matériaux provisoires ou de qualité douteuse ne présente pas de garantie. C'est un danger potentiel pour ses occupants. Ce type d'habitat expose aux risques divers. Ex : toiture arrachée par un coup de vent violent, effondrement d'un mur en brique de terre, etc. Souvent, les murs sont fissurés, la toiture laisse passer les eaux de pluie, les fenêtres entrouvertes exposent aux moustiques, vecteurs du paludisme et autres.

HR_2 : Le respect des normes architecturales se justifie par les faits ci-dessous : un habitat bâti sur un terrain d'une certaine nature doit respecter certaines normes. Ex : zone marécageuse, les fondations doivent avoir plusieurs mètres de profondeur. Cela varie également en fonction du type d'immeuble ou de l'envergure de celui-ci, etc.

Un habitat bâti de façon hâtive, sans rigueur architecturale, par des techniciens de niveau insuffisant, peut s'effondrer, exposant ainsi ses occupants à divers dangers et à des atteintes physiques. Les répercussions sanitaires peuvent être des lésions organiques, voire psychologiques suite aux accidents.

Dans le bloc salubre, les maisons à usage d'habitation sont bâties sur un site relativement peu accidenté. Les talus sont cernés par des murs de soutènement, ce qui renforce la structure et la sécurise.

En milieu insalubre, les inondations sont fréquentes en saison pluvieuse dans les bas-fonds. En zone escarpée dans le quartier insalubre, les glissements de terrain, l'inaccessibilité, les éboulements ont pu causer des dégâts matériels et des pertes en vies humaines, ou des graves lésions physiques, toutes choses qui contribuent à la dégradation de la santé des populations de ce quartier.

5.4. Vérification des hypothèses

La discussion vient couronner le débat en apportant des précisions sur les spécificités scientifiques de nos résultats. Son objectif est de « faire parler » les résultats et d'en livrer le sens.

Notre discussion porte essentiellement sur les caractéristiques du ménage (taille, opération intérieure, l'éclairage, types de lieux d'aisances, gestion des ordures) ; caractéristique de l'habitat : matériaux utilisés pour la construction et les normes architecturales.

Parlant de la taille du ménage, un ménage doit occuper un espace approprié. L'idéal d'occupation serait : une chambre par personne (ou pour un couple).

Dans notre enquête, en milieu insalubre, la plupart des ménages ont plus de dix personnes qui vivent dans un habitat de 2 ou 3 chambres. Cette situation dénote la promiscuité et les maladies qui en résultent.

L'aération interne est indispensable pour éviter les maladies respiratoires et l'humidité interne. Notre étude révèle que les habitats sont mal aérés. En milieu propre, l'habitat est spacieux et aéré. Les matériaux utilisés pour la construction sont stables. En milieu insalubre, les maisons sont en matériaux provisoires et instables, ce qui les prédispose aux catastrophes tel l'effondrement.

D'après la loi n° 2004/003/ du 21 avril 2004 en son article 6 : « pour les bâtiments à usage d'habitation, les structures et matériaux sont choisis pour résister avec une marge de sécurité convenable aux efforts et attaques qu'ils doivent normalement subir et présenter un degré suffisant de résistance au feu. Les structures doivent être protégées contre l'humidité, les effets de variation de température et des conditions atmosphériques. Un isolement sonore suffisant doit être assuré ».

Parlant de l'évacuation d'excrétas d'après l'article de 36 (1) un sanitaire district, intérieur ou extérieur au logement doit être installé pour tout logement de plus d'une pièce principale. (2) un sanitaire au moins doit être installé par groupe de trois logements comptant une seule pièce principale, à proximité de ces logements.

Au cours de notre enquête, ces normes semblent bien respectées en milieu propre, ce qui n'est pas le cas en milieu insalubre.

CONCLUSION GENERALE ET PERSPECTIVES

Notre recherche libellée *Habitat et santé des populations au Cameroun*, nous a conduit à réaliser une étude comparative de deux blocs du quartier Mbankolo ci-dessus évoqués : un bloc insalubre ou pauvre, le bloc n°8, et un bloc salubre ou riche, le bloc n°2.

Le quartier Mbankolo présente une réalité dichotomique en matière d'habitat. Le bloc insalubre ou « pauvre » est marqué par un habitat essentiellement précaire et insalubre. Par contre, le bloc salubre ou « riche » se distingue par un habitat fait de villas huppées et un cadre physique agréable. Dans le bloc populaire, on note au plan sanitaire, une recrudescence des pathologies du péril fécal (diarrhée, amibiase, helminthiase, fièvre typhoïde, etc.) et du paludisme, ainsi que les affections broncho-pulmonaires dues à la promiscuité ou à l'insalubrité de l'habitat, et de diverses pollutions environnementales. De plus, les principaux problèmes sont : l'enclavement, l'absence d'infrastructures sanitaires publiques et le manque d'eau potable.

Dans le bloc salubre, on relève quelques problèmes de santé (diabète, obésité, HTA, rhumatisme etc.), qui ne sont pas directement liés à l'habitat, objet de notre étude. Les vols et braquages qui émanent du phénomène d'urbanisation en général, sont plus marqués dans ce type de quartier qui suscite la convoitise des malfrats. Nous avons noté les problèmes de santé exprimés dans ce bloc, même s'ils ne sont pas en lien direct avec notre recherche, car il faut être à l'écoute des populations dans les études épidémiologiques ou de santé communautaire.

Au terme de nos investigations, il se dégage la réflexion suivante : un habitat fait en matériaux provisoires ou de qualité douteuse est peu sûr. Il expose les populations aux intempéries, aux vecteurs de maladies et à l'insécurité. Par conséquent, il influence négativement la santé des populations. De même, le non-respect des normes architecturales a un impact sur la santé des populations de Mbankolo, car on peut facilement constater qu'un immeuble bâti sans études architecturales préalables qui impliquent le type d'immeuble à réaliser, son utilisation, les matériaux de construction et la technique adéquate, n'est pas un habitat sécurisant. L'effondrement d'une telle structure expose ses occupants aux lésions physiques ou même à la mort. A moyen terme, des épidémies peuvent surgir suite à l'ensevelissement des corps sous les décombres à l'exemple du choléra à Haïti en octobre 2010. Le type de site sur lequel est bâti l'habitat a également un impact sur la santé des populations de Mbankolo car les glissements de terrain, les inondations, les éboulements et l'insalubrité environnementale qui sont souvent relevés dans des terrains en zone escarpée ou marécageuse, ont des répercussions sécuritaires et sanitaires évidentes.

En somme, les résultats de notre étude confirment que l'habitat a un impact sur la santé des populations au Cameroun.

Au terme de cette recherche, nous convions les parties prenantes à savoir : les municipalités, les autorités politiques en charge de l'urbanisme et l'habitat, à une réflexion appropriée et à prendre des mesures nécessaires en vue de solutionner ou de réduire l'impact des problèmes sanitaires dus à l'habitat précaire et insalubre au quartier Mbankolo.

Les populations sont conviées au respect des mesures d'hygiène et salubrité du milieu. Elles doivent par ailleurs éviter la construction d'un habitat précaire en zones à risque ; le gouvernement camerounais doit promouvoir l'utilisation des matériaux locaux stabilisés pour la construction des logements, ce qui réduirait leurs coûts. Les populations doivent être sensibilisées sur les dangers des constructions en zones escarpées ou bas-fonds. Il faut trouver des stratégies de recasement des personnes délogées des zones à risque, faciliter les processus d'obtention du titre foncier, prévenir les catastrophes (incendies, effondrements d'immeubles, éboulements…) par des mesures appropriées et la mise en œuvre d'une véritable politique de prévention des catastrophes dues aux faits humains. Il est important de désenclaver le quartier Mbankolo en créant des routes et les infrastructures sanitaires publiques dans le bloc n° 8 ; et enfin, de promouvoir l'accès à l'eau potable et à l'électricité pour tous dans ce quartier.

BIBLIOGRAPHIE

Abah, M. (1974). « Le site de Yaoundé : étude de géographie physique », mémoire DES de Géographie, Université de Yaoundé.

Blanchet, A. et al. (1985). *L'entretien dans les sciences sociales.* Paris, Bordas.

Bopda, A. (1985). « La dynamique de l'espace urbain à Yaoundé : reconstruction et expansion post coloniale du bâti », Thèse de doctorat de 3ème cycle de géographie, Université de Yaoundé.

Canguilhem, G. (1990). *La santé : concept vulgaire et philosophique*. Pin Balma, Sable.

Centre de recherche d'urbanisme (1979). « Urbanisation et sécurité civile », Colloques de Marly, Cedex 15.

Chaline, C., & Dubois-Maury, J. (1994). *La ville et ses dangers : prévention et gestion des risques naturels, sociaux et développement*. Paris, L'Harmattan.

Chater, S. (1975). *Introduction à la recherche infirmière*. Genève : OMS.

Comlam, A., & Quenum, A. (1979). *Développement sanitaire en Afrique : Santé comme un des facteurs du développement.* Brazzaville : OMS.

Deshaies, B. (1992). *Méthodologie de la recherche en Sciences Humaines*. Laval : Editions Beauchemin ltée.

Deslauriers, J.P. (1991). *Recherche qualitative en sociologie*. Montréal: Mc Graw-Hill Editeurs.

Eymard, C. (2003). *Initiation à la recherche en soins et santé*. Paris, Groupe Liaison SA.

Fnuap, (1991). *Comment relever le défi que nous lancent la population et l'environnement* ? New York : in Press.

Fotso, E. (1979). « Croissance démographique et développement économique et social. Le cas de Yaoundé » in Actes du Colloque de Démographie d'Abidjan, 22-26.

Franqueville, A. (1984). *Yaoundé : Construire une capitale.* Paris, ORSTOM.

Ghiglione, R., Beauvois, J.L., & Trognon, A. (1980). *Manuel d'analyse de contenu.* Paris, Collection U, Armand Colin.

Ghiglione, R., Matalon, B., & Bacri, N. (1983). *Textes et entretiens : une méthode d'analyse des contenus.* Paris, Presses Universitaires de France.

Grundy, F., & Reinke, W.A. (1973). « Recherche en organisation sanitaire et technique de management. Genève », *Cahier de santé publique,* 15.

Gurbry, P., & Tayo, J. (1979). « Les conséquences démographiques de l'urbanisation au Cameroun » in Actes du Colloque de Démographie d'Abidjan.

Kondji Kondji, D. (2005). *Politique et système de santé, évolution historique au Cameroun : de la conceptualisation à l'opérationnalité*, MTC.

Kondji Kondji, D.(1995). « Réorientation des soins de santé primaires au Cameroun », module de formation du personnel sanitaire collection Santé publique.

Kuete, M. (1977). « Étude géomorphologique du massif de Yaoundé », Thèse de Doctorat de 3e cycle, Université de Bordeaux III.

Laburthe Tolra, P. (1970). « Yaoundé d'après Zenker » in Annales de la Faculté des Lettres et Sciences Humaines de l'Université de Yaoundé, 2.

Loi n° 2004/003 du 2 avril 2004 régissant l'urbanisation au Cameroun.

Merlet, Ph., Garnier, Y., & Vinciguerra, M. (2006). *Le petit Larousse illustré*. Paris, Larousse.

Michel, P., & Louembe, D. (1992). *Conséquences de l'extension des villes sur la morpho-dynamique en Afrique : les exemples de Dakar, Nouakchott et Brazzaville.* Berlin : EFGNE.

Mohamadou, S. (1996). « Les perceptions relatives aux problèmes d'environnement en milieu africain, cas de Yaoundé », *Les cahiers de l'IFORD,* 9.

Mougoue, B. (1985). « La municipalité et l'occupation des sites inconstructibles à Yaoundé » in *Cameroun Urban Review*, 1, 38-40.

Mucchielli, R. (1984). *L'analyse de contenu.* Paris : Edition ESF.

Nkoum, B. A. (2005). *Initiation à la recherche : une nécessité professionnelle*. Yaoundé, PU-UCAC.

Noumbissie, C. D. (2010). « Attitude et changement de comportement sexuel face au VIH/Sida : de l'intention d'agir à l'action. Étude des résistances à l'usage du préservatif chez les adolescents-élèves des classes terminales de Yaoundé (Cameroun) », Thèse de Doctorat, Université des Lumières Lyon 2.

OMS (1986). Rapport de la 1ère Conférence internationale sur la promotion de la Santé. Ottawa.

Pokam, W.K. J. (1998). *Pression démographique et dégradation de l'environnement dans une région forestière du Sud-Cameroun : le cas du Moungo.* UEPA.

Polleti, R. (1979). *Théories et concepts.* Paris, Editions du Centurion.

Quivy, R, & Van Campenhoudt, L. (1995). *Manuel de recherche en sciences sociales.* Paris, Dunod.

Ramade, F. (1987). *Les catastrophes écologiques.* New York : Mc Graw-Hill.

Raynald, P., & Daveluy, C. (1995). *La planification de la santé : Théories, concepts-méthodes.* Montréal : Éditions nouvelles.

Rogers, M. (1971). *Les bases théoriques des soins infirmiers.* Philadelphie : Davis Co.

Roy, O. (1979). *Le Nouvel esprit scientifique de Bachelard.* Paris, Editions Pédagogie moderne.

Shalaï, C. 2010. *Marché Mokolo : palme d'or de l'insalubrité à Yaoundé*. Wikipédia. 5 mai. 6 :11. mht.

Tchoutsoua, M. (1991). « Briqueterie-ouest : lutte contre l'érosion pluviale dans un quartier populaire de Yaoundé » in *Revue de géographie du Cameroun.*

Tchotsoua, M. (1994*). Urbanisation et érosion accélérée dans la ville de Yaoundé, comment améliorer la conservation de l'environnement urbain en milieu tropical humide*. UEPA.

Tsou, E. (2007). *A la découverte de la profession infirmière*. Yaoundé, Editions SAAGRAPH.

Youana, J. (1983). "Les quartiers spontanés péricentraux de Yaoundé. Une contribution à l'étude du problème de l'Habitat du Plus grand nombre en Afrique ». Université de Yaoundé.

Ze Nguele, R. (1972). « Les problèmes de la croissance urbaine à Yaoundé » in *la Croissance Urbaine en Afrique Noire et Madagascar* ». Paris, CNRS.

Documents mhtml, (2010). « Yaoundé tarde à intégrer le concept de logement social », in *Cameroun actualité*, Yaoundé : 15/10/2010.

ANNEXES

ANNEXE I : EXTRAIT DES TEXTES JURIDIQUES SUR L'HABITAT ET L'URBANISATION AU CAMEROUN

Ces quelques textes juridiques sélectionnés de la loi n° 2004/003/du 21 avril 2004 régissant l'urbanisme au Cameroun traitent des lois et règlements sur l'habitat. Les conditions sécuritaires, l'hygiène et assainissement dans les bâtiments à usage d'habitation, les bâtiments recevant du public, les bâtiments de grande hauteur ou situés en zones à risque, les caractéristiques des matériaux de construction, les conditions réglementaires autorisant la démolition d'immeubles bâtis, etc.

Article 2 : Les règles de sécurité, d'hygiène et d'assainissement en matière de construction concernent :

- Les bâtiments à usage d'habitation ;
- Les bâtiments recevant du public ;
- Les bâtiments de grande hauteur ;
- Les bâtiments situés dans des zones à risque.

Article 3 : La sécurité dans les bâtiments, au sens du présent décret, doit être comprise comme un dispositif empêchant la survenance d'un accident ou atténuant un inconvénient.

Article 5 : (1) A partir de la réception provisoire des travaux, trois (3) sortes de garanties courent au bénéfice du maître d'ouvrage :

- La garantie du parfait achèvement : elle concerne tous les désordres précisés sur le procès-verbal de réception ou apparus dans l'année qui suit la réception. Cette garantie est fournie par l'entrepreneur et cesse au bout d'un an ;

- La garantie contractuelle de bon fonctionnement : elle concerne le fonctionnement des éléments d'équipement. Elle est fournie par l'entrepreneur et le fabricant de l'équipement ;
- La garantie décennale : elle concerne les dommages aux ouvrages de fondation, d'ossature, d'enveloppe de tout ce qui est susceptible de rendre le bâtiment impropre à sa destination, et qui n'était pas apparent le jour de la réception.

(2) La garantie décennale engage la responsabilité de tous les participants à la construction : architecture, ingénieurs, entrepreneurs, fabricants de composants et contrôleurs techniques.

Article 6 : (1) Dans les bâtiments à usage d'habitation, les structures et matériaux sont choisis pour résister avec une marge de sécurité convenable aux efforts et attaques qu'ils doivent normalement subir et présenter un degré suffisant de résistance au feu.

(2) Les structures et matériaux, évoqués à l'alinéa 1 ci-dessus, doivent être protégés contre l'humidité, les effets de variation de température et des conditions atmosphériques. Un isolement sonore suffisant doit être assuré.

(3) L'entrepreneur doit prendre toutes les dispositions pour empêcher l'intrusion, notamment par les offices d'aération, des rongeurs, des reptiles, des insectes et autres parasites.

Article 12 : Les règles d'hygiène et de salubrité dans les bâtiments évoquées à l'article 2 du présent décret sont destinées à préserver la santé, notamment en ce qui concerne la circulation de l'air, l'ensoleillement, la protection contre l'humidité, les parasites, la toxicité par inhalation ou par contact, dans la conception de l'habitation.

Article 13 : Les bâtiments d'habitation doivent au minimum comporter :

- Les pièces principales : celles utilisées pour le repos, l'agrément, les repas des occupants habituels et, en partie le cas échéant, pour la vie professionnelle ;
- Les pièces de service : cuisines, cabinets de toilettes, salles de bains, sanitaires, buanderies et séchoirs ;
- Les dégagements : halls d'entrée, vestibules, escaliers et couloirs ;
- Les dépendances : caves, greniers, bûchers et garages.

Article 14 : (1) Toute construction comportant des logements distincts doit disposer d'un local spécial clos, ventilé et aménagé pour le dépôt et l'évacuation facile des ordures.

(2) Ce local doit être tel que ni ordures ni émanation de mauvaises odeurs ne peuvent pénétrer à l'intérieur d'une autre partie de la construction. Son sol et ses parois doivent être constitués ou revêtus de matériaux ou enduits imperméables et imputrescibles qui ne permettent en aucun cas l'intrusion des rongeurs, reptiles, insectes et autres parasites.

(3) Un poste de lavage et un système d'évacuation d'eau doivent être établis pour l'entretien.

Article 15 : Tout bâtiment d'habitation comptant plus de cinq (5) niveaux, rez-de-chaussée compris, doit :

- Être muni d'un appareil élévateur automatique ;
- Disposer, pour prévoir les agressions aériennes, d'un mètre carré (m^2) de surface de cave ou bunker par personne.

Article 18 : (1) Le renouvellement d'air dans chaque logement doit être assuré de façon permanente, autant que possible par des baies ouvrant au moins sur deux façades parallèles.

(2) La ventilation des locaux servant à la fois de pièce principale et de cuisine doit être particulièrement active et comporter notamment une amenée d'air spéciale.

Article 19 : (1) Chaque pièce principale doit être éclairée au moyen d'une ou plusieurs baies donnant sur l'extérieur dont l'ensemble a une surface au moins égale au huitième de la surface du sol de cette pièce. La surface des parties des baies située à moins de cinquante centimètres (50 cm) au-dessus du sol fini n'est pas prise en compte pour l'application du présent alinéa.

(2) Aucune baie donnant sur l'extérieur ne doit être masquée par une construction, partie de construction ou accident de terrain, vue à l'horizontale de son appui sous un angle supérieur à quarante-cinq degrés (45°).

Article 20 : (1) Les dispositions des articles 18 et 19 ci-dessus sont également applicables aux cuisines.

(2) Le sol des cuisines doit être lisse, sans interstices, étanche et lavable à l'aide de produits détersifs courants.

(3) Les murs et le plafond doivent être imperméables aux buées et lavables dans les mêmes conditions. L'étanchéité doit être assurée au pied des parois verticales.

Article 21 : Toute cuisine incorporée au bâtiment principal ou toute pièce à usage, même partiel, de cuisine doit comporter :

- Un évier bénéficiant d'un éclairement naturel convenable et muni d'un écoulement d'eau siphonnée ;
- Un robinet de puisage au-dessus de l'évier, dans le cas où la distribution d'eau est assurée ;
- Une ventilation naturelle efficace permettant l'évacuation des buées, comportant notamment une amenée d'air spéciale.

Article 22 : (1) Les buanderies, séchoirs, cabinets de toilettes et salles de bains, ci-après désignés salles d'eau, sont éclairés directement sur l'extérieur par une baie ouvrante, d'au moins cinquante centimètres carrés (50 cm^2) de surface ouvrable et ventilés par un système comportant une amenée et une évacuation d'air.

(2) Les salles d'eau peuvent exceptionnellement être installées en position centrale c'est-à-dire sans baie ouvrant directement sur l'extérieur si elles comportent les gaines d'évacuation et un système d'amenée d'air permettant un renouvellement d'air efficace.

(3) Les sols, murs et plafonds sont établis dans les mêmes conditions fixées aux alinéas 2 et 3 de l'article 20 ci-dessus.

Article 23 : Les gaines, évoquées à l'article 22 ci-dessus, mesurent vingt centimètres (20 cm) dans la plus petite dimension et quarante centimètres carrés (40 cm^2) de section, sont ventilées à la base par amenée d'air frais de section homologue. Des gaines individuelles peuvent être autorisées dans les constructions comportant plusieurs logements lorsque leurs dispositions sont conformes aux prescriptions édictées par arrêté municipal.

Article 24 : (1) Les sanitaires ne doivent pas communiquer directement ni avec les cuisines ni avec les salles où se prennent normalement les repas.

(2) Lorsqu'ils ne sont pas reliés à un réseau d'assainissement ou à une fosse septique, les cabinets d'aisances ne peuvent s'ouvrir sur une pièce principale.

(3) Dans tout logement de plus d'une pièce principale ne comportant qu'un seul sanitaire, l'accès à ce cabinet est assuré sans passage obligatoire par une pièce principale.

Article 25 : Les sanitaires doivent être munis de revêtement de sol et de parois conformes aux prescriptions édictées pour les cuisines à l'alinéa 2 de l'article 20 ci-dessus. Leurs sièges sont en matériaux imperméables, à parois lisses et faciles à entretenir.

Article 26 : (1) Les sanitaires reliés à un réseau d'assainissement ou à une fosse septique doivent comporter une cuvette siphonnée et un dispositif combinant la chasse polluée avec le lavage de la cuvette.

(2) Ce dispositif doit exclure tout risque de pollution de l'eau potable par les eaux vannes.

Article 27 : Les sanitaires reliés à un réseau d'assainissement ou à une fosse septique doivent être aérés, soit par :

- Une baie ouvrante sur l'extérieur au moins égale à dix décimètres carrés (10 dm^2) ;
- Une trémie, ne pouvant dépasser deux mètres (2 m) de longueur mesurant au moins dix centimètres carrés (10 cm^2) de section et raccordée à une baie de même dimension ouvrante sur l'extérieur ; l'ouverture et la fermeture de cette baie devant être assurées au moyen d'un dispositif pouvant être manœuvré de l'intérieur du cabinet ;
- Un système de gaines, dans les conditions prévues à l'article 23 ci-dessus ;
- Une baie libre de quarante décimètres carrés (40 dm^2) au moins, dont l'appui excède une hauteur de deux mètres (2 m) au-dessus du sol des locaux de part et d'autre, et qui débouche sur une salle d'eau ventilée directement sur l'extérieur.

Article 33 : Au sens du présent décret, l'assainissement est la collecte, le traitement et la restitution, au milieu naturel des fluides simples pollués par les activités humaines.

Article 34 : Trois (3) systèmes d'assainissement sont autorisés :

- Le système unitaire ou le tout à l'égout qui envoie toutes les eaux à la station d'épuration ;
- Le système séparatif qui comporte deux (2) réseaux différents, l'un qui collecte les eaux usées et les amène à la station d'épuration et l'autre qui recueille les eaux pluviales et les conduit au milieu naturel ;
- L'assainissement individuel ou autonome correspond au traitement des eaux domestiques dans la parcelle concernée : eaux vannes et eaux usées.

Article 35 : La construction des fosses septiques et des puits perdus dans les unités d'habitation doit respecter la réglementation en vigueur.

Article 36 : (1) Un sanitaire district, intérieur ou extérieur au logement, doit être installé pour tout logement de plus d'une pièce principale.

(2) Un sanitaire au mois doit être installé par groupe de trois (3) logements comptant une seule pièce principale, à proximité de ces logements.

Article 37 : Il est interdit de placer un robinet de puisage d'eau à usage domestique dans un sanitaire qui n'est pas réservé à l'usage exclusif des habitants.

Article 38 : (1) Les eaux de pluie, les eaux usées doivent être évacuées rapidement et éloignées de la construction sans stagnation ni retour de liquide, matière ou gaz.

Article 42 : (1) Toutes les précautions doivent être prises pour empêcher la pollution des conduites, réservoirs et citernes d'eau par les gaz provenant des évacuations d'eaux et matières usées ou polluées.

(2) Les réservoirs et citernes doivent être aménagés pour servir, éventuellement, à la lutte contre l'incendie.

Article 43 : Les caractéristiques des matériaux de construction et leurs conditions de mise en œuvre devraient se conformer, lorsque celles-ci existent, aux normes édictées par l'Autorité nationale compétente en matière de normalisation, aux directives techniques d'utilisation communément admises par les professionnels et, en tout état de cause, aux règles de l'art de la construction.

Article 44 : Un arrêté du Ministre chargé de l'Habitat précise, en tant que de besoin, les modalités d'application de certaines dispositions du présent décret.

Article 45 : Le présent décret sera enregistré, publié suivant la procédure d'urgence, puis inséré au Journal Officiel en français et en anglais./.

Article 46 : (1) L'initiative de l'élaboration d'un Plan Sommaire d'Urbanisme appartient au Maire. Il est prescrit par arrêté préfectoral après avis des services locaux de l'Urbanisme ou ceux chargés des questions urbaines selon le cas. Il est élaboré sous l'autorité du Maire et conformément aux dispositions de l'article 30 ci-dessus.

(2) Le Plan Sommaire d'Urbanisme est approuvé par arrêté municipal, après délibération du conseil municipal et avis des services locaux de l'Urbanisme ou ceux chargés des questions urbaines selon le cas, dans les conditions fixées par décret.

Article 49 : L'implication des populations, des groupes organisés et de la société civile à la mise en œuvre des règles générales d'urbanisme, d'aménagement urbain et de construction, doit être encouragée à travers :

- Le libre accès aux documents d'urbanisme ;

- Les mécanismes de consultation permettant de recueillir leur opinion et leur apport ;
- Leur représentation au sein des organes de consultation ;
- La production de l'information relative à l'aménagement et à l'urbanisme ;
- La sensibilisation : la formation, la recherche et l'éducation en matière d'aménagement et d'urbanisme.

Article 51 : Les opérations d'aménagement foncier ont pour objet d'organiser le maintien, l'extension ou l'accueil de l'habitat ou des activités, de réaliser des équipements collectifs, de sauvegarder ou de mettre en valeur le patrimoine bâti ou non bâti et les espaces naturels.

Sont considérés, au sens de la présente loi, comme opérations d'aménagement foncier :

- La restructuration et/ou rénovation urbaine ;
- Les lotissements ;
- Les opérations d'aménagement concerté ;
- Toute autre opération touchant au foncier urbain (voirie et réseaux divers, équipement, remembrement, etc.).

Article 53 : (1) La restructuration urbaine est un ensemble d'actions d'aménagement sur des espaces bâtis de manière anarchique, dégradés ou réalisés en secteur ancien, destinées à l'intégration d'équipements déterminés ou à l'amélioration du tissu urbain des agglomérations.

(2) La rénovation urbaine est un ensemble de mesures et d'opérations d'aménagement qui consistent en la démolition totale ou partielle d'un secteur urbain insalubre, défectueux ou inadapté, en vue d'y implanter des constructions nouvelles.

Article 54 : La restructuration et la rénovation urbaine ont pour objet :

- L'aménagement des conditions de vie et de sécurité des populations au regard :
  - De la situation foncière ;
  - De l'état des constructions ;
  - Des accès aux habitations ;
  - Des espaces verts ;
  - De l'environnement ;
  - Des voiries et réseaux divers.

Article 82 : L'Etat et les collectivités territoriales décentralisées tirent une partie de leurs ressources des taxes et redevances prélevées sur l'urbanisation notamment :

- Le permis de lotir ;
- Le permis d'implanter ;
- Le permis de construire ;
- Le certificat d'urbanisme ;
- La taxe foncière ;
- Les droits de place ;
- L'impôt libératoire sur les activités économiques et commerciales ;
- Les autres taxes spécifiques à l'urbanisme.

Article 114 : (1) Le permis de Démolir est un acte administratif qui autorise la destruction partielle ou totale d'un immeuble bâti.

(2) Quiconque désire démolir tout ou partie d'un bâtiment, quel que soit son usage, doit au préalable obtenir un Permis de Démolir. Cette obligation s'impose à l'Etat, aux collectivités territoriales décentralisées, aux établissements publics, aux concessionnaires des services publics et aux personnes privées.

(3) Est assimilée à une démolition toute intervention sur un bâtiment ayant pour effet de rendre l'utilisation de celui-ci impossible ou dangereuse.

Article 119

(2) Le Maire assure également la police des voies dans la commune. Il délivre les autorisations d'occupation temporaire des rues et places publiques, conformément aux dispositions de l'article 97 et de la présente loi.

(3) Il autorise en outre l'installation de réseaux de toute nature sur la voie publique, ou des dépôts temporaires de matériaux sur les voies et autres places publiques communales, en tenant compte des nécessités d'utilisation de ces lieux par le public.

Article 120 : Le Maire peut, en tant que de besoin, créer des commissions de contrôle dont il assure la présidence, afin d'assurer le respect des dispositions en matière de sécurité des biens et des personnes et d'hygiène dans le périmètre urbain, notamment en ce qui concerne :

- Les établissements classés dangereux, insalubres ou incommodes ;
- Les établissements recevant du public ;
- Les zones d'interventions spéciales.

La création et le fonctionnement de ces commissions doivent respecter la réglementation en vigueur.

Article 125 : (1) Le Maire peut prescrire la démolition de murs, bâtiments ou édifices quelconques dans les cas suivants :

- Bâtiment menaçant ruine ou sur un immeuble insalubre ;
- En application des dispositions des documents de planification urbaine en vigueur ;
- Bâtiments frappés de servitudes de reculement en application des documents de planification urbaine approuvés ;

- En application d'une décision de justice devenue définitive.

(2) Les démolitions effectuées dans les cas visés à l'alinéa (1) ci-dessus ne sont pas soumises à la délivrance d'un Permis de Démolir, tel que défini au titre III, chapitre VI de la présente loi.

Article 126 : Les démolitions effectuées en application de l'article 93 de la présente loi, en vue de la protection des réserves foncières, ne sont pas soumises au permis de démolir.

ANNEXE 2

ILLUSTRATIONS PHOTOGRAPHIQUES

Ces illustrations photographiques nous présentent les types d'habitats à Mbankolo. Il se dégage un contraste frappant entre habitat salubre et insalubre, ce qui concrétise notre analyse des problèmes relevés dans ce quartier, en matière d'habitat et de type de site où celui-ci est bâti. Certaines vues donnent un aperçu des sources de pollution à Yaoundé.

Photo 1 : Un mur en bois effondré. On remarque le type de site dangereux.

Source : Bouèbe à Tabou, décembre 2010.

Photo 2 : Un mur en matériaux provisoires effondré. On remarque un lit en arrière-plan. Les membres de ce ménage sont exposés aux intempéries, aux moustiques et aux agressions.

Source : Bouèbe à Tabou, décembre 2010.

Photo 3 : Une latrine construite au bord d'une rivière. Les matières fécales se déversent directement dans la rivière, car la fosse septique n'existe pas. C'est une importante source de pollution de l'environnement.

Source : Bouèbe à Tabou, décembre 2010.

Photo 4 : Un site escarpé et dangereux. On remarque des escaliers descendant sur plus de 20 mètres qui mènent dans un bas-fond où sont bâties quelques habitations en matériaux provisoires.

Source : Bouèbe à Tabou, décembre 2010.

Photo 5 : Habitat précaire à Mbankolo. On remarque un mixage original entre les blocs de terre non stabilisés et les piquets supports de la terre battue.

Source : Bouèbe à Tabou, décembre 2010.

Photo 6 : Habitat précaire à Mbankolo. Mur en bois et vieilles tôles. Remarquez les espaces entre les planches, passages des moustiques (vecteurs du paludisme), qui prolifèrent dans ce quartier.

Source : Bouèbe à Tabou, décembre 2010.

Photo 7 : Habitat précaire à Mbankolo. Murs en vieilles tôles. On remarque une rigole qui draine les eaux usées, source d'insalubrité et de pollution du milieu.

Source : Bouèbe à Tabou, décembre 2010.

Photo 8 : Habitat précaire dans le bloc n° 8 : remarquez les types de matériaux utilisés pour les murs et la toiture. Une fondation en brique de terre achevée par les parpaings. Toiture en contrebas d'un talus exposée au torrent en cas de pluies.

Source : Bouèbe à Tabou, décembre 2010.

Photo 9 : Une vue du bloc n°8 : type de quartier insalubre. Habitats précaires dans un relief accidenté.

Source : Bouèbe à Tabou, décembre 2010.

Photo 10 : Type d'immeubles modernes à Yaoundé, une vue du Palais des Congrès de Yaoundé à deux km de Mbankolo.

Source : Bouèbe à Tabou, décembre 2010.

Photo 11 : Habitat moderne au pied du mont Mbankolo. Remarquez en arrière-plan la présence des blocs de pierres qui sont un danger potentiel.

Source : Bouèbe à Tabou, décembre 2010.

Photo 12 : Habitat moderne et luxueux à Mbankolo

Source : Bouèbe à Tabou, décembre 2010.

Photo 13 : Un habitat dans le bloc riche : immeuble moderne et huppé. Type d'habitat salubre.

Source : Bouèbe à Tabou, décembre 2010.

ANNEXES 3 : LISTE DES SIGLES ET ABREVIATIONS

BEAC : Banque des États de l'Afrique centrale

C.U.Y. : Communauté urbaine de Yaoundé

DES : Diplôme d'études supérieures

FGD : Focus Group Discussion (discussion en groupe focal)

HR : Hypothèse de recherche

HTA : Hypertension artérielle

HYSACAM : Hygiène et salubrité du Cameroun

MINEFI : Ministère de l'économie et des finances (actuel MINFI)

MINDUH : Ministère du développement urbain et de l'habitat

MTCH: Management Training & Communication for Health.

OMS : Organisation mondiale de la santé

ONU : Organisation des nations unies

SIC : Société immobilière du Cameroun

SNI : Société nationale d'investissement

UCAC : Université catholique d'Afrique centrale

UNESCO: United Nations Educational, Scientific and Cultural Organization

Table des matières

Le Cameroun
aux éditions L'Harmattan

Dernières parutions

DÉCENTRALISATION ET CENTRALISATION AU CAMEROUN
La répartition des compétences entre l'État et les collectivités locales
Kouomegne Noubissi Hilaire - Préface de Maurice Kamto et Michel Verpeaux
La décentralisation est au cœur des mutations juridiques et institutionnelles en cours dans les États africains depuis plus de deux décennies. Selon l'auteur, sous la décentralisation camerounaise, perce un centralisme administratif dont les origines ne sont pas récentes. Loin d'amplifier le projet nouveau de décentralisation affirmé par les pouvoirs publics, le dispositif normatif de la répartition des compétences reflète plutôt une organisation administrative dont la centralisation est une empreinte persistante.
(Coll. Études africaines, 48.00 euros, 502 p.)
ISBN : 978-2-336-00946-9, ISBN EBOOK : 978-2-296-53232-8

POUVOIR MONARCHIQUE ET CHANGEMENTS POLITIQUES DANS LE NOUN (CAMEROUN)
Njoya Oumarou
Dans la société bamoun de l'oralité, les mots ont un pouvoir. Les classes dominantes ont compris que la suprématie durable repose sur le pouvoir magique des mots, tandis que les classes dominées ont puisé dans leur tréfonds culturel des stratégies multiples pour promouvoir la culture du débat contradictoire en pays bamoun. Cette dynamique de lutte des gouvernés a entraîné des bouleversements sociaux, des mutations précises et des altérations de comportement.
(Coll. Harmattan Cameroun, 34.00 euros, 530 p.)
ISBN : 978-2-336-00935-3, ISBN EBOOK : 978-2-296-53098-0

RIVALITÉS ETHNIQUES MIMÉTIQUES EN AFRIQUE
Déficit démocratique et sous-développement au Cameroun
Toko Jérémie
L'Afrique est le terrain d'une double rivalité destructrice : celle des rivalités ethniques mimétiques et celle des rivalités théoriques mimétiques. Les rivalités ethniques mimétiques, issues d'un état d'esprit de repli identitaire et d'un désir d'infliger en retour le mal reçu, conduisent à des explosions de violence. Les rivalités entretiennent les divisions et bloquent le développement. Or la société a besoin du préalable de la confiance pour se développer, afin qu'émerge un *leadership* du rassemblement.
(Coll. Études africaines, 29.00 euros, 276 p.)
ISBN : 978-2-336-29748-4, ISBN EBOOK : 978-2-296-53113-0

URBANISATION ET ESPACES PÉRIURBAINS EN AFRIQUE SUBSAHARIENNE

Pratiques à l'Ouest-Cameroun

Yemmafouo Aristide

Cet ouvrage est une invitation au débat sur les espaces périurbains en Afrique, à partir du cas du Cameroun. Le périurbain est désormais un tiers espace intercalé entre le rural et l'urbain ; il est indispensable de lui accorder plus d'attention si l'on ne veut pas rater le tournant de l'urbanisation du XXIe siècle. Il y a une réelle nécessité pour les États de l'institutionnaliser et d'y instruire des projets de territoires.

(Coll. Harmattan Cameroun, 28.00 euros, 270 p.)

ISBN : 978-2-336-00925-4, ISBN EBOOK : 978-2-296-53213-7

HYDROCARBURES (LES) DANS LE MONDE, EN AFRIQUE ET AU CAMEROUN

Nguini Effa Jean-Baptiste

Cet ouvrage offre un accès singulier à la compréhension des mécanismes de commercialisation et d'évolution des prix et à l'appréhension des termes et techniques du raffinage et de la pétrochimie. Il propose également une réflexion poussée sur le fonctionnement des marchés et les enjeux de l'après-pétrole. Voici une sorte de bible des hydrocarbures !

(Coll. Défense, Stratégie et Relations Internationales, 46.50 euros, 472 p.)

ISBN : 978-2-336-29277-9, ISBN EBOOK : 978-2-296-53038-6

INGÉNIERIE (L') PROCRÉATIQUE ET L'ÉMERGENCE D'UNE GÉNÉRATION BÂTARDE DES DROITS DE L'HOMME

Tsala Mbani Andre Liboire

La génération émergente des droits de l'homme, notamment celle qui est induite par la dynamique biomédicale, n'est fondée ni sur la raison ni sur le droit naturel : elle est donc bâtarde. Il en est ainsi du droit de manipuler génétiquement un embryon humain revendiqué par les partisans de l'ingénierie de la procréatique. Contre ce « biojuridisme nihiliste «, une thérapie éthique de choc s'impose.

(Coll. Harmattan Cameroun, 19.50 euros, 198 p.)

ISBN : 978-2-343-00049-7, ISBN EBOOK : 978-2-296-51605-2

CAMEROUN (LE) FACE AU DÉFI DU DÉVELOPPEMENT

Atouts, obstacles et voie à suivre

Fodouop Kengne - Préface de Jean-Louis Chaleard - Postface de Benjamin Steck

Le Cameroun est un pays doté de multiples atouts favorables à son développement. Exploités à bon escient, ils en feraient un pays qui pourrait garantir à ses habitants de meilleures conditions de vie. Mais le Cameroun accédera à un véritable développement si ses dirigeants politiques et ses citoyens renoncent au tribalisme et privilégient l'intérêt général, si l'État applique les règles de droit et de justice, si les intellectuels camerounais s'impliquent dans la lutte.

(Coll. Racines du Présent, 35.00 euros, 360 p.)

ISBN : 978-2-336-00545-4, ISBN EBOOK : 978-2-296-51288-7

CAMEROUN, LE TEMPS DES INCERTITUDES
Espace de risque et dynamique de populations
Mbiaga Cyrille
Le Cameroun est en crise depuis son indépendance, et cette crise a conduit à l'émergence de grandes injustices. Le Cameroun subit des influences externes et souffre de ses influences internes. La dynamique des populations camerounaises montre une aspiration au bien-être et au progrès social dans un environnement tapi de risques et d'incertitudes. Ce livre décrit les déterminants qui accélèrent ou qui freinent le développement.
(Coll. Points de vue, 21.00 euros, 218 p.)
ISBN : 978-2-296-99825-4, ISBN EBOOK : 978-2-296-51457-7

JEUNESSE AFRICAINE ET DYNAMIQUE DES MODÈLES DE LA RÉUSSITE SOCIALE
L'exemple du Cameroun
Manga Jean-Marcellin
Voici une lecture des imaginaires de la réussite sociale de la jeunesse urbaine camerounaise contemporaine. Quelles sont les voies et les figures les plus significatives de la promotion sociale pour les jeunes de la capitale camerounaise ?
(Coll. Sociétés africaines et diaspora, 24.00 euros, 244 p.)
ISBN : 978-2-336-00188-3, ISBN EBOOK : 978-2-296-51333-4

PENSÉE POLITIQUE DE PAUL BIYA
Amougou Bernard - Préface de Jacques Fame Ndongo
Ce livre tente de clarifier et d'expliquer la pensée politique de Paul Biya. L'auteur cible bon nombre d'idées structurantes du «Renouveau» et aborde les idées que sont : le libéralisme communautaire, la moralisation, la liberté d'entreprendre, le devoir de solidarité, la démocratie, les droits de l'homme, les devoirs du citoyen, l'intégration nationale, l'État fort, la justice sociale, la nation, le spiritualisme culturel, la diplomatie et la croissance.
(Coll. Harmattan Cameroun, 15.50 euros, 148 p.)
ISBN : 978-2-336-00038-1, ISBN EBOOK : 978-2-296-51329-7

BAMILÉKÉ (LES) AU CAMEROUN – Ostracisme et sous-développement
Tchatchoua Thomas
La question ethnique est la problématique épicentrale de la gouvernance du Cameroun. L'auteur relance un vieux débat sur un fléau panafricain toujours d'actualité : l'ostracisme, qui culmine au Cameroun dans la question bamiléké. Le rejet dont souffre cette ethnie dans la société camerounaise a éclaté à maintes occasions pour marquer de ses crises aux effets parfois douloureux et tragiques l'histoire du pays.
(Coll. Harmattan Cameroun, 20.50 euros, 234 p.)
ISBN : 978-2-336-00889-9, ISBN EBOOK : 978-2-296-51376-1

ÉLEVEURS (LES) MBORORO DU NORD-CAMEROUN
Une vie et un élevage en mutation
Kossoumna Liba'a Natali
A l'insécurité foncière et fiscale affectant la préservation des espaces de pâturage et des pistes à bétail et favorisant une agriculture minière ou extensive, s'est ajoutée

l'insécurité physique, avec des prises d'otages et les fortes rançons demandées aux Mbororo. Ces derniers tentent tant bien que mal de s'adapter et/ou d'atténuer de telles contraintes. Tout en sédentarisant habitat et activités, ils maintiennent la pratique de la transhumance, mais en la modifiant.
(Coll. Etudes africaines, 28.00 euros, 274 p.)
ISBN : 978-2-336-29078-2, ISBN EBOOK : 978-2-296-51377-8

PROVERBES ET EXPRESSIONS BASSA – Traduits en français
Momba Bellnoun - Préface du Révérend Pasteur Bernard Mayémi Ma Ndinjock
L'auteur met au service de tous les *Proverbes et expressions bassa*, un outil véritablement indispensable pour l'apprentissage et la maîtrise de la langue bassa. Cette langue devient enfin ce que les ancêtres ont toujours voulu qu'elle soit : un bassa à la portée de son public, qu'il entraîne sans difficulté dans ses divers imaginaires.
(26.00 euros, 262 p.)
ISBN : 978-2-296-96427-3, ISBN EBOOK : 978-2-296-51317-4

GÉRARD ESSOMBA MANY, L'ACTEUR REBELLE
Art et esthétique du comédien africain
Soh Tatcha Charles
Attachant, contradictoire, fascinant, tels sont les adjectifs qui servent à dépeindre l'un des acteurs les plus charismatiques du continent africain, dont la liberté d'expression irrite, horripile, dérange, embarrasse, et dont la carrière est marquée par une mosaïque de succès et d'échecs, à la mesure des dimensions hors normes d'une personnalité insaisissable, faite de doutes et de douleurs. L'enfant terrible du 7e art africain se livre ici avec sincérité et humour.
(Coll. Harmattan Cameroun, 17.00 euros, 172 p.)
ISBN : 978-2-336-00911-7, ISBN EBOOK : 978-2-296-51452-2

DROITS DE L'HOMME ET GOUVERNANCE EN MILIEU PARLEMENTAIRE AU CAMEROUN
Bessolo Soya Marie Thérèse B. - Préface du Pr. Hon. Lekene Donfack
Cet ouvrage se veut une référence en matière d'évaluation de la dynamique des droits de l'homme au Cameroun ; en ce sens l'auteur a choisi ce concept à la fois comme cadre théorique et champ disciplinaire, désormais base de toute politique publique cohérente. Ce livre a le mérite de se revendiquer, non seulement des sciences du management, mais aussi des sciences historiques. Aussi présente-t-il des propositions concrètes pour une action parlementaire plus efficace et plus soutenue (Dr Gérard Marie Messina).
(Coll. Harmattan Cameroun, 19.00 euros, 192 p.)
ISBN : 978-2-336-00888-2, ISBN EBOOK : 978-2-296-51292-4

L'HARMATTAN, ITALIA
Via Degli Artisti 15; 10124 Torino

L'HARMATTAN HONGRIE
Könyvesbolt ; Kossuth L. u. 14-16
1053 Budapest

ESPACE L'HARMATTAN KINSHASA
Faculté des Sciences sociales,
politiques et administratives
BP243, KIN XI
Université de Kinshasa

L'HARMATTAN CONGO
67, av. E. P. Lumumba
Bât. – Congo Pharmacie (Bib. Nat.)
BP2874 Brazzaville
harmattan.congo@yahoo.fr

L'HARMATTAN GUINÉE
Almamya Rue KA 028, en face du restaurant Le Cèdre
OKB agency BP 3470 Conakry
(00224) 60 20 85 08
harmattanguinee@yahoo.fr

L'HARMATTAN CAMEROUN
BP 11486
Face à la SNI, immeuble Don Bosco
Yaoundé
(00237) 99 76 61 66
harmattancam@yahoo.fr

L'HARMATTAN CÔTE D'IVOIRE
Résidence Karl / cité des arts
Abidjan-Cocody 03 BP 1588 Abidjan 03
(00225) 05 77 87 31
etien_nda@yahoo.fr

L'HARMATTAN MAURITANIE
Espace El Kettab du livre francophone
N° 472 avenue du Palais des Congrès
BP 316 Nouakchott
(00222) 63 25 980

L'HARMATTAN SÉNÉGAL
« Villa Rose », rue de Diourbel X G, Point E
BP 45034 Dakar FANN
(00221) 33 825 98 58 / 77 242 25 08
senharmattan@gmail.com

L'HARMATTAN TOGO
1771, Bd du 13 janvier
BP 414 Lomé
Tél : 00 228 2201792
gerry@taama.net

552013 - Décembre 2013
Achevé d'imprimer par

1livre.com
du rêve à la réalité !

Made in the USA
Monee, IL
05 November 2026

67811457R00094